大学生
网络素养教育

主　编／唐鸿铃
副主编／程　静　高瑞娟　汤茹薇

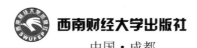

西南财经大学出版社
中国·成都

图书在版编目（CIP）数据

大学生网络素养教育/唐鸿铃主编;程静,高瑞娟,
汤茹薇副主编.--成都:西南财经大学出版社,2024.9.--ISBN 978
-7-5504-6316-5

Ⅰ.TP393

中国国家版本馆 CIP 数据核字第 2024RV6994 号

大学生网络素养教育
DAXUESHENG WANGLUO SUYANG JIAOYU

主　　编　唐鸿铃

副主编　程　静　高瑞娟　汤茹薇

策划编辑:王甜甜
责任编辑:张　岚
责任校对:廖　韧
封面设计:墨创文化
责任印制:朱曼丽

出版发行	西南财经大学出版社（四川省成都市光华村街 55 号）
网　　址	http://cbs.swufe.edu.cn
电子邮件	bookcj@swufe.edu.cn
邮政编码	610074
电　　话	028-87353785
照　　排	四川胜翔数码印务设计有限公司
印　　刷	四川煤田地质制图印务有限责任公司
成品尺寸	185 mm×260 mm
印　　张	10.75
字　　数	228 千字
版　　次	2024 年 9 月第 1 版
印　　次	2024 年 9 月第 1 次印刷
书　　号	ISBN 978-7-5504-6316-5
定　　价	35.00 元

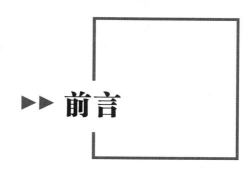

▶▶ 前言

　　党的十八大以来，以习近平同志为核心的党中央从信息化发展大势和国内国际大局出发，重视互联网、发展互联网、治理互联网，围绕网络强国建设发布了一系列重要文件，提出了一系列新思想、新观点、新论断，为新时代网络发展指明了方向，提供了根本遵循。党的二十大报告更是明确提出："加强全媒体传播体系建设，塑造主流舆论新格局。健全网络综合治理体系，推动形成良好网络生态。"作为千禧一代的大学生是互联网文化的见证者，是互联网建设的参与者，更是新时代网络文明的实践者、推动者和创造者。互联网对大学生的学习、生活乃至思想观念都产生了重要影响，引导大学生提升网络素养是提升高等教育质量、促进大学生全面发展的重要途径，也是帮助大学生树立终身学习理念、适应网络时代发展需要的重要方式。

　　2017年中共中央、国务院印发的《中长期青年发展规划（2016—2025年）》提出了开展"青年网络文明发展工程""引导广大青年依法上网、文明上网、理性上网，争当'中国好网民'"。同年，教育部在《高校思想政治工作质量提升工程实施纲要》中提出"网络育人"体系建设，创新推动网络育人，要求"加强师生网络素养教育，编制《高校师生网络素养指南》，引导师生增强网络安全意识，遵守网络行为规范，养成文明网络生活方式"。2021年中共中央办公厅、国务院办公厅印发的《关于加强网络文明建设的意见》强调要完善网络素养教育机制，"着力提升青少年网络素养……提高青少年正确使用网和安全防范意识能力"。大学生群体正值青春年少，精力充沛，爱好新奇，对网络新事物充满强烈的探究欲望。在新时代背景下，加强大学生网络素养教育，不仅能够有效激发大学生合理用网的内驱力，促使大学生自主廓清现实社会和虚拟世界的边界，创造性地运用网络信息技术、数据、资源等，自觉维护网络空间的良好生态环境；而且对提高网络思想政治教育的实效性，激励广大大学生将个人追求与中国梦相结合，自觉践行社会主义核心价值观具有重要意义，对建设网络强国具有重要的实践价值。

　　本教材内容共计八章，涉及网络认知、涉网素养和用网能力三个层面，具体包括认识互联网与网络素养教育、网络法治素养教育、网络消费素养教育、网络心理素养教育、网络信息素养教育、网络社交素养教育、网络舆情素养教育与网络文化素养教育。每章内容都以"理论认知""知识拓展""素养提升"为主线，融入数据分析、工具指导、案例解析，重在培养大学生认知网络及应用网络的能力，帮助他们掌握丰富的网络知识；培养大学生的辩证思维方法，帮助他们正确对待网络信息、人与网络之间的关系；培养大学生约束自我行为及避免网络伤害的能力，帮助他们加强自我管理；培养大学生个人与网络社会交互影响的能力，促进社会交互影响。本教材针对新时代大学生的思想实际，强化问题意识，注重释疑解惑，具有较强的针对性与应用性，也拥有一定的学术参考价值。

　　本教材由重庆城市管理职业学院长期工作在一线的学生工作者基于重庆市教育委员会人文社会科学研究项目"思想政治教育+社会工作——高校思想政治教育新模式研究与实践"（项目编号：fdyzy202208）、重庆城市管理职业学院教育教学改革项目"思想政治教育视域下大学生网络素养培育研究与实践"（项目编号：2023jgkt015）等项目的研究成果完成。本教材的编写分工为：第一章唐鸿铃、汤茹薇；第二章高瑞娟、程静；第三章邓微、杨迪；第四章高俊杰；第五章乔森、曾渔渔；第六章张琴、秦翠；第七章代月明；第八章杨强；最后由唐鸿铃完成全书的统稿和修改。由于编写时间较短，加上编者们的学识有限，以及受到一些客观条件的制约和影响，书中难免会存在不足与疏漏之处，敬请各位专家、同行和同学们批评指正，我们将不断修订完善。同时，在今后的学习和研究中，我们也会持续关注相关方面的学术动态，继续深入研究并将研究成果科学地运用到实际工作中。

编者
2024 年 6 月

►► 目录

第一章

大学生网络素养教育概述

互联网是数字经济发展的重要基础，在网络信息产业发展中扮演着重要角色。近年来，互联网技术飞速发展，互联网的使用率逐年增长，网民数量增加迅猛，网络应用正深刻改变着人们的生活方式、消费行为、学习模式、交流空间。习近平总书记在网络安全和信息化工作座谈会上指出："互联网是一个社会信息大平台，亿万网民在上面获得信息、交流信息，这会对他们的求知途径、思维方式、价值观念产生重要影响，特别是会对他们对国家、对社会、对工作、对人生的看法产生重要影响。"①

第一节 认识互联网

从 1969 年早期互联网——阿帕网的出现算起，互联网的诞生距今已经有五十余年。一部互联网发展史，本质上就是一部创新史，是技术创新、商业创新和制度创新三个层面相互交织、相互促进的联动过程，最终也将形成一部网络时代的人类文明进化史。

一、互联网的概念

互联网（Internet），又称国际互联网，是全球性的网络，是一种公用信息的载体，这种大众传媒比以往的任何一种大众传媒都要快。这种将计算机网络互相连接在一起的方法可称作"网络互联"，在此基础上发展出的覆盖全世界的全球性互联网络称为"互联网"，即是"互相连接一起的网络"。一旦你连接到它的任何一个节点，就意味着你的计算机已经连入互联网了。互联网早已深刻融入人们日常的社会与生活。华经产业研究院的数据显示，2021 年全球互联网用户规模达 49.01 亿，全球互联网渗透率

① 习近平. 在网络安全和信息化工作座谈会上的讲话 [EB/OL]. (2016-04-25) [2024-05-08]. http：//m. ccdi. gov. cn/content/93/d9/9727. html.

达 62.5%。"互联网"这个词汇也在我们生活中逐渐耳熟能详，以至于我们习以为常，对其定义和内涵毫不在意。关于互联网的定义种类繁多，下列两个定义明确了互联网的基本技术特性和核心要点，基本界定清楚了互联网的核心内涵①。

根据维基百科，"互联网是使用传输控制协议/互联网协议（TCP/IP）连接全球设备的互联计算机网络的全球系统。它是一个由本地及全球范围的私有、公共、学术、商业和政府网络组成的网络中的网络，通过各类电子、无线和光纤网络技术相连。互联网承载着广泛的信息资源和服务，如万维网（WWW）相互链接的超文本文档和应用程序、电子邮件、电话服务和文件共享。一些出版物不再将互联网（internet）大写。"

《互联网简史》（1997 年版）对互联网的描述如下：1995 年 10 月 24 日，联邦网络委员会（FNC）一致通过一项决议，对"互联网"一词进行了定义。该定义是在与互联网和知识产权社区的成员们协商之后确立的。决议中提出"互联网"是指"符合以下条件的全球信息系统：①根据互联网协议（IP）或其今后的扩展协议/后续协议，由一个全球独一无二的地址空间逻辑地连接在一起；②能够支持使用传输控制协议/互联网协议（TCP/IP）或其今后的扩展协议/后续协议，和/或其他与 IP 兼容的协议之通信；③公开或私下地提供、使用本文中介绍的相关基础设施上分层的高级别服务，或使这些服务可访问。"

二、互联网的诞生与发展

（一）互联网的诞生

互联网源于美国的阿帕网。1969 年，美国国防部高级研究计划管理局为了开发能够抵抗核打击的计算机网络，建立了一个名为"ARPANET"（advanced research projects agency network，又称"阿帕网"）的网络。该网络只有 4 个节点，分布于美国西南部的加利福尼亚大学洛杉矶分校、斯坦福大学研究学院、加州大学圣巴巴拉分校和犹他州大学的 4 台大型计算机。一年后阿帕网扩大到 15 个节点。1973 年，阿帕网跨越大西洋利用卫星技术与英国、挪威实现连接，扩展到了世界范围。

在研究实现互联的过程中，计算机软件起了主要的作用。1974 年，出现了连接分组网络的协议，包括 TCP/IP 协议，其中 IP 是基本的通信协议，TCP 是帮助 IP 实现可靠传输的协议，两者相互配合。TCP/IP 协议是 Internet 最基本的协议，定义了电子设备如何连入互联网，以及数据如何在它们之间传输，全球的通信设施因此用上了同一种语言。

另一个推动 Internet 发展的广域网是 NSF 网，它最初是由美国国家科学基金会资助建设的，目的是连接全美的 5 个超级计算机中心，供 100 多所美国大学共享它们的资源。NSF 网也采用 TCP/IP 协议，且与 Internet 相连。阿帕网和 NSF 网最初都是为科研服务的，其主要目的为用户提供共享大型主机的宝贵资源。随着接入主机数量的增加，

---

① 方兴东，钟祥铭，彭筱军. 草根的力量："互联网"（Internet）概念演进历程及其中国命运：互联网思想史的梳理［J］. 新闻与传播研究，2019（8）：43-45.

越来越多的人把 Internet 作为通信和交流的工具。一些公司还陆续在 Internet 上开展了商业活动。随着 Internet 的商业化，它在通信、信息检索、客户服务等方面的巨大潜力被挖掘出来，使 Internet 有了质的飞跃，并最终走向全球。

较之蒸汽机发明带来的伟大工业技术变革，互联网掀起了一场建立在计算机技术基础上的社会革命，改变了文明演进的方式，创造了一种无所不在的新型网络社会，彻底改变了全球化进程中的各种联系。2006 年 11 月，《今日美国》"新 7 大奇迹"评选结果公布，互联网名列其一，预示着它拥有引领时代的趋势和巨大潜能。

【互联网发送的第一个信息是"L"和"O"】1969 年 10 月 29 日晚上 10 点 30 分，加州大学洛杉矶分校正在与 60 公里外的斯坦福研究所进行计算机连接测试。当时，操作员查理·克莱恩尝试输入 LOGIN 指令，但系统在他刚打出"L"和"O"两个字母后就宕机了。数小时后，工作人员重新调试了设备，两台计算机终于实现了远程连接，"LO"成了首个经由互联网传递出去的信息。这也宣告了互联网时代的来临。

（二）互联网的发展

在人类社会最近 20 多年的发展进程中，科技进步日新月异，人类交换信息的主要方式——互联网发生了翻天覆地的变化，并深刻影响了人们工作和生活的方方面面。分析互联网的发展进程，可发现一条若隐若现的主线，即"连接"（见图 1-1）[①]。在这条进化的路径上，任何时间、任何事物、任何地点都是互通的，互联网让互通成为现代人生存的常态，使人们突破了时空的界限。互联网的发展大致经历了 Web1.0、Web2.0、Web3.0 三个阶段。

1. Web1.0 阶段

Web1.0 阶段开始于 1994 年，其主要特征是大量使用静态的 HTML 网页来发布信息，并开始使用浏览器来获取信息。这个时候主要是单向的信息传递，对网站提供的信息只能阅读，不能添加或修改，其作用相当于图书馆。Web1.0 只满足了人对信息搜索、聚合的需求，没有解决人与人之间沟通、互动和参与的问题，所以 Web2.0 应运而生。

2. Web2.0 阶段

Web2.0 阶段开始于 2005 年。基于社交的 Web2.0 以广大的互联网用户为主体，是目前互联网界最广泛的互动应用模式。它允许广大用户不受限制地创造和传播信息，使得用户既是网站内容的浏览者，同时也是网站内容的制造者。这一现象打破了过去 Web1.0 阶段只能接受信息的单一模式。由被动地接收互联网信息向主动创造互联网信息的转变，标志着互联网时代的一次重大变革，从此 Web2.0 取代 Web1.0，成为互联网世界的主流模式。

3. Web3.0 阶段

Web3.0 的概念于 2014 年被提出。Web3.0 阶段是一个全新的移动互联网时代，同

---

① 李柳君，鲁俊群. 中国 Web3.0 战略发展路径浅析［J］. 科技导报，2023（15）：61-62.

时包含了 Web1.0 的基础框架和 Web2.0 的社交网络思想。Web3.0 的本质是深度参与，它是一个全新的数字生态系统，将成为建设者和用户共同拥有和信赖的互联网基础设施。Web3.0 基于网络分布式的理念，利用区块链等数字技术，将多个应用场景整合在一起。Web3.0 的概念还在不断地发展变化，互联网技术也从连接"信息"拓展到连接"价值"，这必将大大加快人类社会的发展进程，真正地做到"Anytime、Anywhere、Anyway"，改变并提高人们的生活水平。

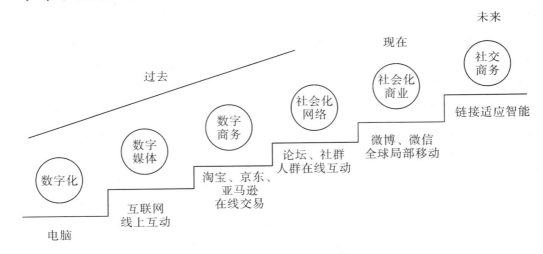

图 1-1　互联网发展进程①

三、中国互联网的发展

1994 年 4 月 20 日，连接着数百台主机的中关村地区教育与科研示范网络工程成功实现了与国际互联网的全功能连接。这是一个注定载入史册的日子，从此中国被国际正式承认为真正拥有全功能互联网的国家，成为国际互联网大家庭中的第 77 个成员。经过近 30 年的发展，中国通过快速模仿和追随，基本实现了与国际同步，并开始在一些领域逐步实现自主创新甚至有所超越，从互联网大国迈向了互联网强国。

2019 年方兴东等在《中国互联网 25 年》中依据社会网络发展和人类社会连接程度将中国互联网 25 年的发展历程划分为三个阶段（见表 1-1）②。

表 1-1　中国互联网发展三阶段

阶段	弱连接阶段	强连接阶段	超连接阶段
技术特性	PC 互联网	移动互联网	智能物联网
时间节点	1994—2007 年	2008—2015 年	2016 年至今
代表性应用	门户（邮件、搜索、新闻）	博客、微博、微信	云、短视频、VR、AI

① 科技导报. 中国 Web3.0 战略发展路径浅析［EB/OL］.（2023-09-08）［2024-05-08］. https://www.163.com/dy/article/IE4JBB280511DC8A. html.

② 方兴东，陈帅. 中国互联网 25 年［J］. 现代传播，2019（4）：1-10.

表1-1（续）

阶段	弱连接阶段	强连接阶段	超连接阶段
连接主体	电脑互联	人与人互联	物与物互联
普及率	0%~20%	20%~50%	50%以上
治理主要矛盾	技术和产业治理	内容治理体系	社会综合治理体系
与美国的关系	追随阶段	部分自主阶段	部分引领阶段

1. 第一阶段（1994—2007年）：以PC（个人电脑）互联为主的社会弱连接阶段

1994年，中国社会的通信方式主要还是传呼（BP）机、有线电话、大哥大等形式，以数字化为特征的第二代移动通信工具也就是GSM手机，到1995年开始投入使用，中国与世界的连接非常有限。这14年时间，主要还是PC互联网阶段，通过PC实现信息和资源的共享与互动，人与人之间的互联还很弱。这14年时间，中国互联网产业经历了从无到有、从小到大的跨越式发展，中国社会初步实现了从弱连接社会到强连接社会的过渡和变迁。在这个过程中，随着社会连接性的不断提升，互联网治理问题及因为互联网而激化的社会治理问题层出不穷，促使中国相关部门以问题为导向，逐渐形成了具有中国特色的治理机制。

【"网民"一词的诞生】1998年7月8日，全国科技名词审定委员会公布了第二批56个信息科技名词，其中"互联网的用户"的中文名称被确定为"网民"。中国互联网络信息中心发布的《中国互联网发展状况统计调查报告》中的"网民"，指过去半年内使用过互联网的6周岁及以上我国居民。

【网民成为《时代》周刊年度人物】2006年，《时代》周刊年度风云人物奖颁给了所有网民，评语只有一个词：you，周刊封面上显示的是一个白色的键盘和一个电脑显示器的镜面，购买者可以在电脑显示器上看到自己的镜像。这一事件标志着互联网真正从PC和手机等机器互联走向以人为本的互联时代。

2. 第二阶段（2008—2015年）：移动互联网主导的社会强连接阶段

2008年，中国互联网发展进入新的阶段，中国网民数量首次超过美国，中国跻身全球网民第一大国。2008年年底，我国网民数量接近3亿，超过25%的网络普及率，标志着互联网在中国真正成为主流媒体。2007年1月9日，乔布斯在旧金山马士孔尼会展中心发布了堪称智能手机发展史上最具革命性的产品——第一代iPhone，这也是全球移动互联网时代开启的最具标志性的事件。有了智能手机，人与人的互联成为互联网新的动能和主题。在拥有全球第一大网民群体的中国，网民真正成为互联网的创造力和生产力源泉。

这8年的时间里，智能手机爆发式发展而形成的移动互联网浪潮，将中国社会快速带入了强连接阶段。互联网的发展不仅仅是互联网产业本身的发展，更是社会变革的催化剂，尤其是互联网的全球性所导致的全球协同与联动效应，开始挑战以地理边界为特征的国家主权和国际秩序。中国在治理机制和制度创新方面逐步适应汹涌而来的强连接时代。

【"双11"购物狂欢节】体现中国经济活动连接程度的最好方式大概就是"双11"。这一网络促销日，源于淘宝商城（天猫）2009年11月11日举办的网络促销活动。从此，"双11"成为中国电子商务行业的年度盛事。2009年天猫"双11"全天交易额为0.5亿元，2021年为5 403亿元，2022年天猫官方未公布交易额。

【4G时代】2013年12月4日下午，工信部正式发放4G牌照，宣告我国进入4G时代。由3G引发的移动互联网热潮，终于在4G时代大放光彩。移动通信基础设施的改进与突破是互联网推动社会连接性加强的基础。

【斯诺登事件】2013年6月，前中情局职员爱德华·斯诺登将绝密资料交给《卫报》和《华盛顿邮报》，揭露美国国家安全局代号为"棱镜"的全球监控秘密项目。此举引爆全球，开启了互联网更加深入影响地缘政治的新阶段。至此，网络空间安全开始成为各国重大的国家战略，并且开始强烈影响并塑造新的国际秩序。

【网络安全和信息化领导小组成立】2014年2月27日，中央网络安全和信息化领导小组成立（简称"网信小组"），中国网络治理完成了新的顶层设计。该领导小组着眼于国家安全和长远发展，统筹协调涉及经济、政治、文化、社会及军事等各个领域的网络安全和信息化重大问题。斯诺登事件和不断升级的中美网络冲突，使得互联网开始成为影响国际秩序的主导性力量。该机构的成立，标志着网络安全和信息化在中国真正成为国家级战略。

3. 第三阶段（2016年至今）：以"5G"和智能为特点的社会超连接阶段

中国互联网信息中心（CNNIC）发布的第52次《中国互联网发展状况统计报告》显示，截至2023年6月，我国网民规模达10.79亿人，互联网普及率达76.4%，网民使用手机上网的比例为99.8%[①]，社会联网程度大大提高。除了电脑和人的连接之外，更重要的在于社会的全面连接。中国作为全球唯一10亿人级大规模同时在线的单一市场，在万物互联时代迎来全新的发展契机。随着云计算、大数据、人工智能、虚拟现实、5G等技术的不断突破，一个全新的超连接社会正在开启。

超连接带来的社会沟通互动的加强，社会资源分享的加强，社会效率的提升，使人类因为互联作为一个复合共同体的特征更加明显。互联网让世界变成了"地球村"，国际社会越来越成为你中有我、我中有你的命运共同体。发展好、运用好、治理好互联网，让互联网更好地造福人类，是国际社会的共同责任。2015年12月，习近平总书记在第二届世界互联网大会开幕式的主旨演讲中提出了"构建网络空间命运共同体"的重大命题，强调"网络空间是人类共同的活动空间，网络空间前途命运应由世界各国共同掌握"。2022年11月7日，国务院办公厅发布《携手构建网络空间命运共同体》，倡议国际社会携手合作，共谋发展福祉，共迎安全挑战，把网络空间建设成造福全人类的发展共同体、安全共同体、责任共同体、利益共同体。

---

① 佚名. 第52次《中国互联网发展状况统计报告》发布[EB/OL].（2023-08-28）[2023-09-13]. https://cnnic.cn/n4/2023/0828/c199-10830.html.

【阿尔法狗事件】2016年3月9日，谷歌公司研发的人工智能围棋软件AlphaGO以四比一战胜围棋世界冠军李世石，"人狗"大战引发了全球公众对人工智能的持续关注。这不仅仅是人工智能领域发展的里程碑事件，更成为全球互联网全面进入智能物联时代的社会启蒙、产业动员和国家竞赛的标志性事件。

【5G和折叠屏】2019年2月24日，华为在西班牙巴塞罗那移动通信展（MWC）上发布首款5G折叠屏手机Mate X，引发全球轰动，成为展会最大的热点。这款产品堪称自2007年iPhone发布以来最大的创新和变革。可以说，2019年的MWC是全球5G竞赛的发令枪，一场涉及企业、行业、国家、区域和全球的5G竞赛全速启程。2019年也成为人们公认的5G元年。

【华为Mate 60被称为"争气机"】2023年9月3日18时8分，华为Mate 60手机正式开启全渠道销售，并引发线上的热烈讨论和线下的火热抢购，很多网友直呼其为"争气机"。@央视新闻发表评论："这款手机搭载的芯片，给人以无限想象空间。历经美国四年多的全方位极限打压，华为不但没有倒下，还在不断壮大，1万多个零部件已经实现国产化，华为突围说明自主创新大有可为。"

第二节　互联网对大学生成长的影响

随着网络时代的快速发展，网络平台的主流媒体已经改变了人们的信息获取方式与习惯。从口口相传到纸媒，从广播电视到互联网，网络新媒体应运而生①。网络新媒体时代的受众与传统媒体时代的受众表现出明显的不同，人们的生活、学习和交往方式也发生了极大改变。

一、互联网对大众的影响

（一）信息传播方式的变化

媒介技术的不断发展使得越来越多的人开始走上自媒体之路，变成内容的分发者、信息的输出者。新媒体时代的传播权开始分化，信息传播进入了全民传播时代。

1. 传播时间碎片化

移动终端的不断更新使人们能够随时随地发布信息，人们也愿意利用碎片化的时间进行信息的阅览。借助新媒体传播速度快的优势，信息的传播可以在任何时间、任何地点实现，信息传播时间展现了碎片化的特征；信息传播不再局限于传统媒体固定的时间，而是进入全时传播时代，即时性变强。

2. 传播内容个性化

传统媒体由于定位限制，传播内容也会受到相应限制。进入新媒体时代，分众趋

---

① 李璐. 网络新媒体时代下加强高校思想政治工作的研究 [J]. 科学咨询（科技·管理），2019（10）：1-13.

势不断加强，大众化的内容已经很难再满足受众需求。新媒体时代，由于传受双方的不断博弈探索，传播内容的个性化倾向不断增强，每一个 Vlog 创作者都有自己的个性和特点。

3. 传播渠道多元化

随着互联网的发展，各种新媒体平台应运而生，"两微一端"的出现极大地丰富了信息传播渠道，它们有着更快的传播速度和庞大的粉丝群体，能够全方位地推送信息。在新媒体时代，各种信息传播途径并存，信息传播渠道呈现多元化特点。

4. 传播互动性增强

在网络空间中，人们可以自主发表言论，对信息内容进行评论转发，新媒体平台为大众提供了互动的空间，在信息发布之后，大众可以即时接收到信息，并进行意见的表达，而信息的传播者也可以收到反馈。传播不再是单向的，互动性得到了显著的增强。

（二）受众地位的变化

1. 由传者中心到受者中心

传统媒体时代，媒体根据新闻工作的规律以及媒介的立场和原则来选择材料、生成新闻，主要考虑的是输出的问题。新媒体时代，为了获取良好的传播效果、争取更多的"粉丝"，传统媒体在新闻选题、版面编排、新闻话语的使用上不得不更多地考虑受众。新闻标题采取悬念式，以获得更高的点击量，话语表达使用网络流行语、表情包，以获得更高的阅读量。

2. 由信息的接受者到传播者

UGC 即用户生成内容是 Web2.0 环境下的网络信息资源创作与组织的模式，泛指以任何形式在网络上发表的由用户创作的文字、图片、音频、视频等内容。新媒体时代，"人人都有麦克风"，受众不再单是信息的阅读者、接受者，更是信息的生产者。很多重要的社会新闻都是先由用户发布到网络上去，引起一定的关注之后，传统媒体再进行跟进。

（三）信息接收方式的变化

1. 由被动到主动

新媒体时代下受众不再是单向、被动地接收来自大众传媒的信息，而是主动地寻找自己需要的信息，并参与消息的传播。受众可以在各大传播平台选择自己感兴趣的 Vlog 制作者，主动参与互动传播，还可以自己设定平台的推送，对信息内容进行过滤。

2. 从"精阅读"到"泛阅读"

新媒体时代，以碎片化、快餐式、图片化、跳跃性为特征的"泛阅读"正逐渐取代传统的"精阅读"。互联网技术引发了信息爆炸，人类的感官可以依托互联网延伸到世界各个角落，不出门便知天下事。为了有效把握环境变化的信息，人们阅读信息的速度更快，搜索式阅读、标题式阅读、跳跃式阅读逐渐成为人们浏览信息的主要方式，相较于文字阅读，人们更喜欢读图、听音频、看短视频，人类已然进入"读图时代"。

3. 从大众需求到分众需求

互联网技术为网民在舆论场中赋能赋权，让他们的主体参与意识快速提高。大众传播逐渐向分众传播转化，每个受众的爱好和独特品味都能在网络中迅速获得最大限度的满足；每个人都可以根据自身需求定制专属个人的媒体，相同爱好者能够打破时空界限快速聚集成群，"网络圈层"现象就是受众社交需求和个性化需求的具体表现①。

二、互联网对大学生成长的影响

作为网络空间的"原住民"，大学生的言行受网络影响程度显著加深。《中国大学生思想政治教育发展报告 2021》的调查显示，大学生每天平均上网时长在三小时以上的人数比例为 68.7%②。网络是一把"双刃剑"，给大学生的成长提供了新渠道，同时又给大学生的成长带来了新挑战。

（一）互联网对大学生的正面影响

1. 有助于大学生的学习方式拓展

网络开拓了一个崭新的、广阔无比的学习空间，在这个新世界里，将不存在任何障碍，凡是有志于获得知识的人，都能拥有学习的权利和机会。这种学习空间的扩展，使得处于信息时代的大学生群体的学习面临一次意义深刻而又巨大的冲击。互联网的全球性打破了国籍与地域的限制，真正实现了"坐地日行八万里，巡天遥看一千河"的构想。大学生不再以课堂教学为基础，而是根据自己的兴趣和实际情况来选择何时何地学习。

2. 有助于大学生的综合素质提高

网络的发展使得每一个大学生的获知观念由被动接受教育的灌输转为主动获取。信息技术的共享性使文化作为无形的资产扩散到各地，使每个网民受益好奇，起到"文化增值"的作用，也显示了文化自身的价值，激发了大学生探究未知的信心。信息技术在一定程度上使得大学生摆脱了对知识权威的从众心理，可以不受时间和空间的限制，自由表达自己的意见和观点，有利于大学生创造性思维的发挥③。

（二）互联网对大学生的负面影响

1. 影响大学生身心健康

大学生正处于身心发育成型的关键时期，养成良好的学习、生活习惯至关重要。迷恋网络世界，挤占正常的学习时间，不利于完成学业；挤占课余体育锻炼和参与社会实践的时间，也不利于培养健康体魄与实践能力；长时间上网，易导致眼睛疲劳和神经衰弱，影响身心健康。另外，网络传播的形象化（图、文、音、像）强化了学生"看"的接收方式，而弱化了学生"想"的思维方式。常"泡"网络和玩手机的大学

① 曾振华. 大学生网络素养教育 [M]. 天津：天津科学技术出版社，2023：10-13.
② 沈壮海，刘晓亮，司文超. 中国大学生思想政治教育发展报告 [M]. 北京：高等教育出版社，2023：179.
③ 李燕，袁逸佳，陈艺贞. "互联网+"时代大学生网络素养提升的多维路径探析 [J]. 黑龙江教育，2016（3）：83-84.

生，其写字作文、分析综合、评论欣赏的能力，要比接受传统学习的学生差一些①。

2. 影响大学生人际交往

大学生正处于精力旺盛的青春期，内心渴望被他人看见和认可，同时比较敏感，需要外界给予更多的关心和支持。网络能够跨越时空，大学生可以通过网络结交大量网友，满足其社交需求。由于网络的隐蔽性和虚拟性，网络交往往往只限于网络信息传输，脱离了现实环境和面对面的交流，因此网络人际交往的信息互动并不是立体完整的。大学生的性格尚未定型，长期迷恋网上交友，会在一定程度上弱化他们与真实世界的交往能力，甚至使他们回到现实生活中不再愿意与他人交往，产生情感和心理上的孤独与自卑。

3. 影响大学生道德观形成

由于网络具有鲜明的开放性和隐蔽性，一些西方国家凭借其先进的网络技术和几乎垄断全球的信息传播体系，将资本主义腐朽的价值观渗入网络，个人主义、利己主义、追求奢侈等腐朽生活方式以及重感官刺激的庸俗情趣汹涌而来。大学生缺乏社会阅历和社会经验，思想道德观还未成熟，尚未形成一个较完整的防御体系，在网络世界里以开放、好奇的心态接受各种各样的信息，难以对不良信息做出正确判断，势必影响他们的思想道德趋向，动摇传统的道德规范和行为准则。

第三节　大学生网络素养教育

根据 2022 年 12 月共青团中央维护青少年权益部、中国互联网络信息中心联合发布的《2021 年全国未成年人互联网使用情况研究报告》，2021 年我国未成年人互联网普及率达 96.8%②。新时代大学生已基本实现数字产品自由，互联网对大学生的学习、生活乃至思想观念都产生了重要影响。2017 年中共中央、国务院印发《中长期青年发展规划（2016—2025 年）》，提出了开展"青年网络文明发展工程""引导广大青年依法上网、文明上网、理性上网，争当'中国好网民'"。2021 年中共中央办公厅、国务院办公厅印发的《关于加强网络文明建设的意见》，强调要完善网络素养教育机制，"着力提升青少年网络素养……提高青少年正确使用网和安全防范意识能力"。网络素养是适应信息技术飞速发展的互联网社会的一项基本能力，是学生综合素质的具体体现。

一、网络素养的概念

"素养"一词出于《汉书·李寻传》："马不伏枥，不可以趋道，士不素养，不可

---

① 荀铃珠. 网络对新时代大学生的消极影响及防范 [N]. 兰州大学报. 2020-07-10（04）.

② 团中央权益部. 一图读懂！2021 年全国未成年人互联网使用情况研究报告 [EB/OL].（2022-12-01）[2023-08-23]. https://m.gmw.cn/baijia/2022-12/01/1303210916.html.

以重国。"① 现多用素养以指人们通过不断的自我修养和自我锻炼，在某一方面所达到的较高水平和境界。"网络素养"（internet literacy）是伴随着互联网的发展而产生的极具时代色彩的词语，源于国际上对媒介素养（media literacy）的研究。它在国外有多种叫法，如信息素养（information literacy）、计算机素养（computer literacy）、数字素养（digital literacy）、电子素养（electronic literacy）等。1994 年，美国学者麦克库劳提出网络素养的概念，他认为网络素养是人们了解网络资源、明确网络信息在学习中的作用、利用网络搜索工具获取并处理信息，以协助个人解决相关问题、提高资源使用价值的能力，他将网络素养所包含的内容分为知识与技能两个层面。1997 年，我国社会科学院新闻研究所研究员卜卫发表的《论媒介教育的意义、内容和方法》一文，是我国较早介绍媒介素养的研究。他在文中指出计算机时代的媒介素养是人们在生活、学习中接触网络并在信息接收的过程中合理批判、利用、创造、传播健康网络信息的一种能力素养。卜卫更关注网络的运用能力。随着互联网的发展，学者对网络素养的含义进行拓展延伸，将网络素养的内容进一步精分细化，提出网络素养不仅包括网络认知及操作能力，还包括网络信息获取及鉴别能力、网络伦理道德和网络安全意识、网络言行自我管控能力、利用网络发展自我和促进社会进步的能力等方面。《中国青少年网络素养绿皮书（2020）》中建立的青少年网络素养评价指标体系包括上网注意力管理、网络信息搜索利用、网络信息分析评价、网络印象管理、网络安全与隐私保护、网络价值认知和行为六个维度。

总的来说，网络素养是指有关网络的素质与修养，是人基于先天生理基础、在后天学习教育和社会环境影响作用下形成并发展起来的与网络有关的身心特性、基本品格和素质能力，是影响人在互联网时代生存或活动状况及其质量的内在因素，包括知识、技能、态度三个层面，具体来说，包括网络认知能力、网络运用能力、网络行为管理能力、网络道德素养和网络安全意识等。网络素养是互联网时代人的素养的新内容，是互联网时代人的一种基本素养。

二、大学生网络素养教育的重要性

（一）当代大学生网络素养现状

作为网络时代的"原住民"，新时代大学生是网络信息化程度较高的社会群体之一，但根据第二届青少年互联网大会上发布的《新时代数字青年网络素养调查报告（2023）》，大学生网络素养整体平均得分为 3.67 分（满分 5 分），略高于及格线，有待进一步提高。

1. 对网络的认知程度较高

网络增加了大学生获取信息的途径，大学生对互联网的虚拟性、开放性等特点有

---

① 班固. 汉书：第 10 册 [M]. 北京：中华书局，1962：3190.

较高的认知。《青少年蓝皮书：中国未成年人互联网运用报告（2022）》的调查结果显示，我国青少年自幼身处互联网世界，接收和学习互联网新技能的能力普遍高于家长，青少年向家长传授数字知识成为新的后喻文化现象①。计算机技术、互联网技术是大学生的必修课程，大学生都能掌握一定程度的网络基础理论知识和具备网络基本操作能力。山东大学张磊对国内部分高校本科生网络素养的调查报告显示："89.3%的受访学生能够较熟练运用办公室软件（如 Word 等），65.6%的受访学生能够掌握与其专业相关的制图、绘画、数据分析等软件，43.5%的受访学生表示能将文字、图片、音频、视频等信息进行有效整合。"②

【"三喻文化"说】20 世纪美国文化人类学家玛格丽特·米德运用现代传播学的有关理论，从不同文化传递的视角入手，提出了著名的"三喻文化"说，即前喻文化、同喻文化、后喻文化。前喻文化是指长辈向晚辈传授知识经验、晚辈主要向长辈学习的文化，同喻文化是指长辈和晚辈的学习都发生在同辈人之间的文化，后喻文化是晚辈向长辈传授知识经验、长辈反过来向晚辈学习的文化。

2. 网络生活呈现"泛娱乐化"倾向

伴随信息技术的飞速发展，在网络媒介的推波助澜和资本的利益驱动下，网络信息传播出现"泛娱乐化"现象。以数字化交互技术为核心支撑，通过平板电脑、智能手机等即时性移动终端为工具，将大学生的娱乐与日常生活紧密连接在一起。借助移动新媒体，大学生的日常生活无时无刻不享受着即时性和无缝式"自我娱乐"的"自由"与"狂欢"，在不自知的状态下接受着平台资本力量的持续规训和隐蔽诱导。在资本平台的催化利诱下，大学生逐渐滑向"愚乐"的边缘③。

3. 对网络信息筛选能力较弱

因为网络的虚拟性、开放性等特点，鱼龙混杂的各种信息充斥网络空间。大部分大学生都能清楚认识到网络信息不能全部相信，但是对网络信息的筛选能力较弱。山东大学张磊对国内部分高校本科生网络素养的调查报告显示："接近半数受访学生表示，对网络信息难以取舍和有效分辨，超过四成的受访学生对网络信息评价存在从众心理，近30%的受访学生仅将网站规模、知名度作为对信息权威性、真实性的判断标准，对比、考证意识相对欠缺。部分受访者表示，浏览过色情、暴力、低俗等不良信息，希望相关部门针对社会思潮多样化、价值取向多元化的网络空间，给予监督与引导。"

4. 对网络使用自律性较差

移动智能终端设备尤其是智能手机普及率的提高，为即时上网提供了很大便利，而部分大学生自律意识较弱，自控能力不佳。山东大学张磊对国内部分高校本科生网

---

① 张璐. 青少年蓝皮书：互联网后喻文化盛行 数字反哺成普遍现象［EB/OL］.（2022-11-22）［2023-08-21］. https://baijiahao.baidu.com/s? id=1750168956325239845&wfr=spider&for=pc.

② 张磊. 从"知网、懂网"到"善于用网"：对我国部分高校本科生网络素养的调研报告［EB/OL］（2019-07-19）［2023-09-21］.http://www.cac.gov.cn/2019-07/29/c_1124810117.htm.

③ 李紫娟，李海琪. 网络"泛娱乐化"倾向对青年大学生的危害及其应对［J］. 中国青年社会科学，2021（6）：56-59.

络素养的调查报告显示，"78.1%的受访学生每天累计上网超过 3 小时""超过四成大学生受访者认为自己上网时间安排欠佳，近 1/4 受访者常会因为聊天、购物、游戏而忘记时间。在以查找资料、学习知识、关注时政为目的的上网活动中，也有近半数学生表示会被娱乐休闲内容吸引而耽搁原来的计划"。在受访者中，"'网在哪，我在哪'的现象不容忽视，自律意识较弱、自控能力不佳致使部分大学生沉溺网络，进而影响其学习、生活和身心健康"。

5. 网络道德素养发展不均衡

网络道德是指以善恶为标准，通过社会舆论、内心信念和传统习惯来评价人们的网络行为，调节网络时空中人与人之间以及人与社会之间关系的行为规范。网络环境和网络使用对大学生网络道德的养成有着重要影响。虽然当前大学生网络行为发展总趋势是好的，但部分大学生网络道德失范表现得较为突出。一方面，部分大学生因为认知有限，网络心理不成熟，并不总能清楚地分辨网络上的不道德行为，加上网络传播的信息良莠不齐，充斥着各种各样的价值观，容易使大学生道德认同模糊，造成认知失衡和情感淡漠。另一方面部分大学生自控力差，网络行为时有失范，而网络的匿名性又使得部分大学生的社会责任感和自我控制能力被削弱，在法不责众的心理作用下，做出各种冲动行为来发泄自己的情绪。

6. 网络法治与安全意识淡薄

由于缺乏对网络法律法规的了解，部分大学生容易出现触碰网络红线的行为。个别大学生以科技为手段，从违法犯罪活动中牟利；个别大学生被不法分子利用，捏造消息，散布和传播垃圾信息。这已经不再是网络使用不当导致网络道德失范，而是典型的网络犯罪①。部分大学生网民的风险预估和防范能力不足，在网络交往过程中缺乏自我保护意识和安全防护能力。山东大学张磊对国内部分高校本科生网络素养的调查报告显示："受访学生中接近七成认为上网比较安全，表示会将自己的照片上传到微信、微博、QQ 等个人空间。""82.2%的受访学生具有一定的网络金融安全防范意识，并表示想得到相关教育。"

（二）当代大学生网络素养教育的时代意义

1. 推动国家网信事业健康发展的必然要求

习近平总书记强调，要"推进网络强国建设，推动我国网信事业发展，让互联网更好造福国家和人民"②。国家现代化建设离不开网络信息技术的建设和发展，建设良性的网络生态，促进个体与网络环境的和谐与可持续发展是我国现代化建设的内在要求。网络生态系统包括网络环境和网络主体，网络环境是网络资源与网络工具的组合，是网络生态系统的网络基础；网络主体是网络环境中的行为主体。大学生作为网络活

---

① 赵翼. 全媒体环境下大学生网络道德失范及对策探究 [J]. 现代交际，2020（8）：1-3.
② 习近平在北京大学考察时强调青年要自觉践行社会主义核心价值观与祖国和人民同行努力创造精彩人生 [EB/OL].（2014-05-05）[2024-05-08]. http://jyj.gz.gov.cn/zt/srxxgcxjpzsjgyjydzyls/2014/content/post_6550709.htmlbaijiahao.baidu.com/s? id=1762747433164342269&wfr=spider&for=pc.

动的参与者，是网络空间的信息生产者、服务消费者、技术推动者，在不同的活动过程中担任不同的角色。提高大学生的网络素养，既可提高其适应网络环境的能力，使其获取更多有益的网络资源，又可反作用于网络环境改善，弘扬正能量、展示新风尚，营造清朗的网络空间，促进网络生态的健康发展。

2. 提升大学生思想政治教育效果的必然诉求

"网络技术的高速发展已经使意识形态的传播路径从现实空间向网络空间转移，网络空间成为意识形态交锋和话语权争夺的主阵地。这一新变化带来的问题是现实与网络'双空间'的博弈，对思想政治教育提出了处理好两个空间关系的新要求。"① 当代大学生成长于现实社会空间与虚拟网络空间交互并存的时空，网络思想政治教育与网络素养教育协同育人可以实现"现实"与"虚拟"两个维度的有机连接，网络法律道德养成、网络文明言行引导以及网络意识形态安全教育，可以强化大学生的主流价值观念和帮助其做出合理行为选择，引导大学生成为高素质网民，提升思想政治教育的实效性。

3. 培养德智体美劳全面发展时代新人的必然要求

习近平总书记2014年在北京大学考察时强调："广大青年树立和培育社会主义核心价值观，要在勤学、修德、明辨、笃实上下功夫，下得苦功夫、求得真学问，加强道德修养、注重道德实践，善于明辨是非、善于决断选择，扎扎实实干事、踏踏实实做人，立志报效祖国、服务人民，于实处用力，从知行合一上下功夫。"② 网络中的"德"不仅要求大学生本人能够遵守网络道德规范，还要能够监督他人、和他人一起营造良好的网络环境。网络中的"智"不仅要求大学生具备网络技术能力，具有对网络信息进行分析的能力；还要求大学生具备通过网络资源学习提升专业技能的能力。

网络素养教育能够引导大学生明确网络认知，发展网络技能，养成良好的网络使用习惯，进而善于利用网络促进自身的成长发展。

三、大学生网络素养教育的内容

大学生网络素养教育是以提升大学生网络素养水平为目的，主要通过学校教育和实践训练的方式进行的教育实践活动。大学生群体正值青春年少，精力充沛，爱好新奇，在中学时期数字产品使用被管束而进入大学后实现了数字产品使用自由，对网络新事物充满强烈的探究欲望。加强大学生的网络素养教育，不仅关乎网络生态文明建设，还关乎大学生的健康成长，更关乎国家和民族的未来③。

网络素养教育的内容与网络素养包含的要素相对应，卜卫在《媒介教育与网络素

① 朱效梅，谢萌. 网络意识形态话语权建构研究 [J]. 社会主义核心价值观研究，2016（3）：68-75.
② 习近平在北京大学考察时强调青年要自觉践行社会主义核心价值观与祖国和人民同行努力创造精彩人生 [EB/OL].（2014-05-05）[2024-05-08]. http：//jyj. gz. gov. cn/zt/srxxgcxjpzsjgyjydzyls/2014/content/post_6550709. htmlbaijiahao. baidu. com/s？id=1762747433164342269&wfr=spider&for=pc.
③ 徐鸿涛，何佳. 高校怎样上好大学生网络素养 [EB/OL].（2023-04-10）[2023-10-30]. https：//baijiahao. baidu. com/s？id=1762747433164342269&wfr=spider&for=pc.

养教育》一文中将网络素养教育的内容概括为了解网络及其运行机制的基础知识、培养创造信息传播能力、培育网络安全意识三个方面。随着信息技术的发展及其与社会生活的有机融合，网络素养教育的内容体系也在不断丰富更新，后继学者逐渐将网络道德与法治、网络心理健康、网络文化创新等内容纳入网络素养教育范畴，使得网络素养教育的内容日臻完善。

（一）网络道德与法律素养教育

道德和法律是社会管理和控制的两大重要工具。社会的良好发展需要道德和法律共同起作用，道德使人们内化社会规范，自觉地遵守社会规范；法律从外部为人们的生活提供安全保障。加强大学生的网络道德素养教育和正面的宣传教育有利于增强大学生自身的判断力，且有利于引导大学生正确识别和看待不良的网络信息，增强其对不良信息的鉴别能力和抵抗能力，使其养成良好的行为习惯和塑造完善的人格。大学生在使用网络时，应增强法律意识，掌握相关法律法规，做到知法守法，在保护自己的同时也要做到不侵犯他人利益，自觉维护网络的安全有序。

（二）网络信息素养教育

信息素养是一种综合能力，是大学生网络素养的核心要素，是大学生熟练运用网络、拓展个人学习与生活的广度和深度，提升运用网络信息服务学习、生活的本领。网络信息素养教育有助于帮助大学生掌握网络信息技术，既能通过信息检索工具从海量信息中快速准确获取所需，也能甄别虚假不良信息，传播积极健康的信息，实现自我成长。

（三）网络安全素养教育

网络安全素养指个体树立积极的网络安全意识，在掌握网络安全知识的基础上，运用科学的网络安全防护手段和网络安全法律手段，甄别、防范和解决网络安全问题，保护自身人身或财产安全、集体和社会安全甚至维护国家安全的能力。网络安全素养教育不仅有助于大学生合理地使用网络中的有益资源，也有助于大学生树立自我保护意识，掌握自我保护的方法，自觉远离可能会侵害到自身隐私、财产的网络活动。

（四）网络心理素养教育

网络心理素养是大学生对网络信息的认知思考能力和对网络世界的正确情感态度的综合体现。网络心理素养教育有助于大学生正确认识网络，树立正确的学习观，合理规划上网时间，提高自我管理能力，掌握网络生活的主导权；正确认识现实与网络的区别，强化正确的价值取向，提升情绪控制能力，用积极的态度面对学习和生活，不盲目跟风，文明上网、文明发言，理智地表达自身观点和情感，勇敢地克服困难和挫折。

（五）网络文化素养教育

网络文化是网络中具有网络社会特征的文化活动及文化产品，是现实社会文化的延伸和多样化的展现。网络文化素养教育关注培养大学生在网络环境中展现出的文化素养和道德行为规范，不仅能提升大学生对网络信息的辨识能力和批判性思维，还强调大学生对网络文化的正确理解和积极态度。通过网络文化素养教育，大学生能够更加清晰地认识到网络文化的多元性和复杂性，从而在网络空间中树立正确的价值观，遵循道德规范，以文明、理性的方式参与网络互动。

第二章

大学生网络法治素养教育

　　互联网是人类文明发展的重要成果，在促进经济社会发展的同时，也给监管和治理带来巨大挑战。法治兴则国兴，法治强则国强。习近平总书记在第二届世界互联网大会开幕式上的讲话中强调："网络空间不是'法外之地'。网络空间是虚拟的，但运用网络空间的主体是现实的，大家都应该遵守法律，明确各方权利义务。"① 在全面依法治国、建设法治中国的进程中，大学生要主动学习网络法律法规，深刻理解我国网络法律法规的基本特征，尊重和维护我国法律权威，不断增强网络法治意识，提升网络法治素养，弘扬网络文明礼仪，努力做遵法、学法、守法、用法的模范。

第一节　我国网络法律法规概况

　　自 1994 年全功能接入国际互联网以来，我国始终坚持依法治网，持续推进网络空间法治化，推动互联网在法治轨道上健康运行。随着网络技术的不断发展和普及，大学生对互联网的利用率越来越高、依赖性越来越强，校园网络犯罪也日益增多，大学生成为校园网络犯罪的重点对象。进入新时代，在习近平法治思想的指引下，大学生更应该自觉学习网络法律法规知识，用法律规范来约束个人行为，远离网络犯罪和网络侵害。

一、认识网络法律法规

　　网络法律法规是指针对互联网领域的法律法规，是为了保障互联网的安全、健康、规范发展而制定的法律法规。互联网法律法规是国家法律法规的一部分，是国家对互联网行为的规范和管理手段，其目的是保护网络安全、维护网络秩序、保障公民权益。

---

① 习近平. 在第二届世界互联网大会开幕式上的讲话（全文）［EB/OL］.（2023 - 08 - 28）［2023 - 09 - 13］. http://www.xinhuanet.com//world/2015-12/16/c_1117481089.htm.

我国网络法律法规主要有：

（一）网络安全法律

法律是由国家创制和实施的行为规范，即由享有立法权的立法机关行使国家立法权，依照法定程序制定、修改并颁布，并由国家强制力保证实施的基本法律和普通法律总称。目前，我国网络安全的主体法律是《中华人民共和国网络安全法》，此外还有《中华人民共和国电子签名法》《中华人民共和国密码法》《中华人民共和国数据安全法》《中华人民共和国个人信息保护法》《中华人民共和国反电信网络诈骗法》等。

（二）网络安全政策法规

1. 互联网管理条例

条例是国家权力机关或行政机关依照政策和法令而制定并发布的，针对政治、经济、文化等各个领域内的某些具体事项而做出的，比较全面系统、具有长期执行效力的法规性公文。条例是法的表现形式之一。近期我国颁布的网络安全相关条例包括《关键信息基础设施安全保护条例》《网络安全等级保护条例》《网络数据安全管理条例》《商用密码管理条例》《中华人民共和国计算机信息系统安全保护条例》等。

2. 互联网管理办法

在法律条文中，办法是指办事或处理问题的方法，主要用于对特定范围内的工作事务提出照章办理的具体要求。近期我国颁布的网络安全相关办法包括《信息安全等级保护商用密码管理办法》《国家政务信息化项目建设管理办法》《政务信息系统政府采购管理暂行办法》《电子认证服务密码管理办法》《网络安全审查办法》《涉及国家秘密的计算机信息系统分级保护管理办法》《互联网信息服务管理办法》《非经营性互联网信息服务备案管理办法》《计算机信息网络国际联网安全保护管理办法》《信息安全等级保护管理办法》等。

3. 互联网管理意见

意见通常是一种较为宏观、抽象的指导性建议，不具有强制执行力，可以理解为一种软约束。意见可以用于对某一项工作的初步设想，提出宏观性的建议，或者对某个问题的解决提出指导性意见，但并没有具体的执行规定。近期我国有关网络法治建设的意见包括《国家信息化领导小组关于加强信息安全保障工作的意见》《关于进一步加强互联网管理工作的意见》等。

4. 其他政策

政策是一种具有明确规定和执行要求的行动准则。政策通常由政府或政党制定，用于指导某一项工作的具体执行，具有强制执行力。政策可以理解为是一种硬约束，它会详细规定执行方式、目标、时间表等具体内容。目前，我国网络安全涉及的政策有《中华人民共和国国民经济和社会发展第十四个五年规划和2035年远景目标纲要》《"十四五"国家信息化规划》《"十四五"数字经济发展规划》《电信和互联网用户个人信息保护规定》《教育部办公厅、工业和信息化部办公厅关于提高高等学校网络管理和服务质量的通知》等。

二、我国网络安全法律体系的特点

（一）覆盖面广

我国网络安全法律体系包括了多部法律、法规、规章和政策文件。这些法律文件覆盖了从网络安全基础设施、网络运营、网络内容管理到网络安全领域的各个方面。目前，我国网络主体法律是《中华人民共和国网络安全法》，在《中华人民共和国刑法》《中华人民共和国民法典》等法律中也有相应的规定，同时有 30 多个条款、决定、答复对网络管理与网络安全发挥规范与调整作用。

（二）具有强制性

我国的网络安全法律体系具有强制性，任何公民违反相关法律规定都会受到相应的法律惩罚。法律体系的强制性主要是指必须依照法律适用、不能以个人意志予以变更和排除适用，强制性在法律条文中多体现为"不得""禁止"等表述。

（三）高度保护网络安全性

我国网络安全法律体系强调对网络安全的保护，对网络安全漏洞、网络犯罪等方面都有严格的规定和惩罚措施。网络给我们工作生活带来便利的同时，也给一些不法分子利用网络信息进行犯罪带来了机会，危及个人财产安全甚至人身安全。360 集团发布的《2022 年度中国手机安全状况报告》[①] 显示，2022 年 360 反诈赔付宝共接到 11 类诈骗举报，涉案总金额高达 2 665.0 万元，而"Z 世代"成了网络诈骗的主要受害对象，电信网络诈骗已成为威胁人民群众切身利益与社会稳定发展的毒瘤。面对严峻的网络犯罪形势，惩治电信网络诈骗的《中华人民共和国反电信网络诈骗法》应运而生。

（四）重视个人信息保护

我国网络安全法律体系对个人信息保护非常重视，明确了收集、存储、使用和传输个人信息应当遵守的相关规定，特别关注恶意窃取中小学生、老年人等群体的个人信息，非法侵入计算机系统获取个人信息，非法窃取快递信息，以及网上非法倒卖公民个人信息等领域。

（五）强化国际合作

我国网络安全法律体系强调与国际社会的合作，与国际社会一起共同打击跨境网络安全犯罪，以促进国际网络安全合作和交流。例如，在杀猪盘电诈犯罪中，大多数犯罪分子将非法网址和软件的服务器选在国外；老挝、柬埔寨、越南、马来西亚、菲律宾等网络环境监管较为松懈，且网络博彩合法的地区。因此要从根源上减少此类犯罪行为的发生，必须联合其他国家的执法力量，一方面对现存的隐藏于国外的犯罪团伙进行清除；另一方面与其他国家签订合作协议，规范管理针对中国公民的网络犯罪行为。

---

① IT 之家. 360 发布《2022 年度中国手机安全状况报告》［EB/OL］.（2023－03－16）［2023－09－20］. https://baijiahao.baidu.com/s？id＝1760513650638078447&wfr＝spider&for＝pc.

（六） 强调网络内容的管理和监督

我国网络安全法律体系强调对网络内容的监管，以维护国家安全和社会稳定。

（七） 强化国家主权和安全

我国网络安全法律体系强调对国家主权和安全的保护，对于涉及国家安全和社会稳定的事件和行为有严格的规定和限制。

（八） 重视教育和宣传

我国网络安全法律体系重视网络安全教育和宣传，通过多种渠道和形式普及网络安全知识，提高公众的网络安全意识和素质。

（九） 重视技术创新和网络安全产业的发展

我国网络安全法律体系鼓励和支持技术创新和网络安全产业的发展，加强了对新技术在网络安全领域的应用和管理。

总之，我国网络安全法律体系的特点是以保障网络安全为核心，覆盖全面、强制性强、重视个人信息保护和国家安全、注重国际合作和网络监管，同时也重视技术创新和产业发展。

三、网络法律法规的重要性

（一） 是保障公民权益的重要手段

互联网的高速发展，使得人们的生活越来越便捷，社交媒介也越来越丰富，但"通过互联网获利"成为违法犯罪分子的选择之一。不管是非法获取个人隐私信息、侵犯知识产权，还是各种各样的网络诈骗等违法行为，都直接损害公民的合法利益；因此，网络法律法规是人民合法权益的保障。

（二） 有助于保护国家安全和社会稳定

中国作为一个网络大国，也是面临网络安全威胁最严重的国家之一。为了维护社会稳定和人民的合法权益，迫切需要建立完善网络安全的法律制度，提高我国网络安全的保护水平。因此，完善《中华人民共和国网络安全法》等一系列的法律法规是维护我国网络安全的迫切需要。

（三） 可以促进互联网的健康发展

法律是治理互联网空间的重要依据。法律的生命力在于执行，要想打造法治化的网络空间，必须做到有法必依、执法必严，建立体系完备、内容科学、运行有序的法律架构，强化网络执法队伍建设。党的十八大以来，我国在管网治网方面出台了一系列基础性法规和部门规章，涵盖了行业准入、个人信息保护、消费者保护、互联网信息服务算法推荐管理等多个领域，并且通过推进依法管网、依法办网、依法上网的有机融合，形成了社会、企业、网民共建共享的良好网络生态，为确保互联网在法治轨道上健康运行提供了有力的支撑。

第二节　校园常见的网络安全问题

当前，互联网已经渗透了高校大学生学习生活的方方面面，它使大学生的学习生活变得更轻松、更便捷、更简单、更丰富。但是网络世界同样存在着各种类型的威胁，随着数字化校园的广泛应用和推广，校园网络也面临着网络病毒的侵袭和破坏，网络犯罪呈高发态势。据不完全统计，黑客类犯罪、电信网络诈骗类犯罪、侵犯公民个人信息类犯罪这三类犯罪发案数量在网络案件发案总数中占比较大。特别是涉世未深的大学生，已经成为网络犯罪分子的重点目标群体，大学校园也成为网络电信诈骗以及网络犯罪的重灾区，大学生面临着前所未有的网络安全威胁。

一、网络病毒

（一）网络病毒的概念

广义上，网络病毒是指可以通过网络传播，同时破坏某些网络组件（服务器、客户端、交换机和路由器）的病毒。狭义上，局限于网络范围的病毒就是网络病毒，即网络病毒是充分利用网络协议及网络体系结构作为其传播途径或机制，同时其破坏性也是针对网络的[1]。据国家互联网应急中心微信公众号发布的消息，2020 年 11 月中国境内感染网络病毒的主机数量约 47.6 万，其中包括境内被木马或被僵尸程序控制的主机约 41.2 万以及境内感染飞客蠕虫[2]的主机约 6.4 万。

（二）网络病毒的特点

1. 感染速度极快

通常，在单机运行条件下网络病毒只会经过软盘由一台计算机感染到另一台，但在整个网络系统中网络病毒能够通过网络平台迅速扩散。简单地讲就是在计算机网络正常运行的情况下，若一台工作站存在网络病毒，就会在短短的十几分钟之内感染几百台计算机。

2. 破坏性极强

网络病毒破坏性极强，一旦服务器的硬盘被病毒感染，就可能被损坏，使网络服务器无法启动，导致整个网络瘫痪，造成不同程度的损失。

3. 扩散面极广

在网络环境中，网络病毒的扩散速度极快，且扩散范围极广，会在很短时间内感染局域网之内的全部计算机。网络病毒致使网络瘫痪的损失是难以估计的，一旦网络服务器被感染，解毒所需的时间将是单机的几十倍以上。

---

① 杨少华. 浅析网络病毒的传播机理和行为［J］. 数字用户，2019（14）：18-19.

② 国外常叫它"CONFICKER"，它是对微软 MS08-067 漏洞发起攻击的蠕虫病毒，其常用端口是 445、139，中毒症状包括请求解析随机域名、不能正常访问安全厂商的网站或服务器、下载木马。

4. 潜伏性较强

若病毒存在于单机之上，可采取删除携带病毒的文件或格式化硬盘等方式来彻底清除病毒。若在网络环境中一台工作站无法彻底进行消毒处理，就会感染整个网络系统中的设备，还有可能一台工作站刚刚清除，瞬间就被另一台携带病毒的工作站感染。针对此类问题，只是对工作站开展相应的病毒查杀与清除，无法彻底解决与清除网络病毒对整个网络系统所造成的危害。

5. 查杀难度大

由于网络病毒的潜伏性与隐蔽性，查杀难度相对较大。不法分子在对网络病毒脚本进行编写时会加入一些 C 语言的内容，这会增加系统查杀网络病毒的难度。同时，网络病毒已呈现出攻击对象精准化的趋势，它不仅会使被攻击对象丢失重要的数据信息，甚至还会威胁到社会治安，造成十分恶劣的社会影响[1]，增大了查杀的难度。由此可见，在未来网络发展过程中需要注重对网络病毒进行防御，对现有防御技术进行优化与完善，从多方面入手进行网络病毒查杀，以此来保证网络系统的安全。

（三）网络病毒的类型[2]

从不同的角度看，网络病毒有不同的分类方式。

1. 以网络病毒功能区分

以网络病毒功能区分，可以分为木马病毒和蠕虫病毒。木马病毒是一种后门程序，它会潜伏在操作系统中，窃取用户资料比如 QQ 号及密码、网上银行账号及密码、游戏账号及密码等。蠕虫病毒相对来说要先进一点，它的传播途径很广，可以利用操作系统和程序的漏洞主动发起攻击。每种蠕虫病毒都有一个能够扫描到计算机漏洞的模块，一旦发现漏洞，立即发送副本传播出去。由于蠕虫病毒的这一特点，它的危害性更大，可以在感染了一台计算机后通过网络感染这个网络内的所有计算机。被感染后，蠕虫病毒会发送大量数据包，所以被感染网络的速度就会变慢，也会因为 CPU、内存占用过高而产生或濒临死机。

2. 以网络病毒传播途径区分

以网络病毒传播途径区分，可以分为漏洞型病毒和邮件型病毒。相比较而言，邮件型病毒更容易清除，它是由电子邮件进行传播的，病毒会隐藏在附件中，通过伪造虚假信息欺骗用户打开或下载该附件。有的邮件病毒也可以通过浏览器的漏洞来进行传播，这样用户即使只是浏览了邮件内容，并没有查看附件，也同样会让病毒乘虚而入。漏洞型病毒应用最广泛的就是 Windows 操作系统，微软会定期发布安全补丁，即便你没有运行非法软件，或者点击不安全链接，漏洞性病毒也会利用操作系统或软件的漏洞攻击你的计算机。

（四）网络病毒的传播方式

随着网络技术的迅速发展，网络病毒也在一定程度上得到了发展，广泛流行于网

---

① 李淑娟，计算机网络病毒及其防御技术研究［J］. 数字通信世界. 2023（4）：41-43.
② 李芳，唐世毅. 计算机网络安全教程［M］. 成都：西南交通大学出版社，2014.

络，这与它的传播方式有着密切的关系。网络病毒的主要传播方式如下：

1. 作为网络邮件的附件

网络病毒作为网络邮件（E-mail）的附件是其最常见的传播方式，即将病毒藏在邮件的附件之中，再配上一个好听且有诱惑力的名字，诱使人们打开附件，从而实现病毒的传播。

2. 作为网络邮件本身

一些蠕虫病毒会利用在 MS01-020 中讨论过的安全漏洞将自己本身隐藏于 E-mail 中，与此同时，向其他的系统用户发送一个副本来进行病毒传播。诚如微软的系统公告中所说，这个漏洞只是存在于 IE 浏览器中，但当你打开邮件的一瞬间，病毒就已经实现了整个传播过程。

3. 依靠 Web 服务器实现传播

计算机之间的信息交互是依靠 Web 服务器来进行的，有一些病毒会攻击 Web5.0 服务器。以一种名为"尼姆达"的病毒举例说明，它具有两种攻击方法：一种是它自身会检测红色代码 2 病毒是否已经破坏了计算机，因为这种红色代码 2 病毒会在侵入过程中创建一个"后门"，这个"后门"计算机自身是无法察觉到的，但是任何恶意用户（指病毒编写人员）都可以使用这个"后门"任意进出以及攻击计算机。第二种方法就是病毒会尝试利用计算机的一个关于 Web 服务器的漏洞来进行攻击，一旦病毒成功找到这个漏洞，就会利用这个漏洞来感染计算机[①]。

4. 依靠文件共享传播

一般来说 Windows 系统可以被设置成允许其他用户来读取系统中的文件，这样就会导致安全性的急剧降低。在系统的默认情况下，系统仅允许经过授权的用户读取系统的所有文件。如果被有心人发现你的系统允许其他人读写系统的文件，你的系统中就会被植入带有病毒的文件，再借由文件传输过程完成新一轮的病毒传播。

二、网络电信诈骗

近年来，网络电信诈骗案件高发，大学生群体已成为电信网络诈骗主要受害群体。大学生要了解和防范网络诈骗，提升对网络诈骗的认识和防范能力。

（一）网络电信诈骗的概念

网络电信诈骗，是指以非法占有为目的，利用电信网络技术手段，通过远程、非接触等方式，诈骗公私财物的行为[②]。网络电信诈骗善于在某一段时间内集中向某一个号段或者某一个地区拨打电话或者发送短信。近年来，高校校园成为网络电信诈骗的重灾区，大学生成为网络电信诈骗的直接受害者，社会影响极其恶劣。

---

① 植春阳. 计算机网络病毒与防范分析［J］. 现代职业教育，2019（10）：46-47.
② 中华人民共和国反电信网络诈骗法（全文）［EB/OL］.（2023-08-28）［2023-09-13］. http://www.news.cn/2022-09/02/C_1128972464. HTM.

（二）网络诈骗的特点

1. 空间虚拟化、行为隐蔽化

目前，不法分子惯用的网络诈骗手段并不像传统诈骗有具体的犯罪现场，犯罪嫌疑人一般与受害人只通过网上聊天、电子邮件等方式进行联系，就能在虚拟空间中完成犯罪。犯罪嫌疑人在作案时常常刻意虚构事实、隐瞒身份，加上各种代理、匿名服务，使得犯罪主体的真实身份深度隐藏，从而难以确定犯罪嫌疑人所在地。同时，犯罪嫌疑人往往还利用假身份证办理银行卡、异地异人取款、电话"黑卡"等手段，得手后立即销毁网上网下证据，使得犯罪的隐蔽程度更高，导致网络诈骗犯罪率急速上升，打击难度也越来越大。

2. 低龄化、低文化、区域化

当前，网络电信诈骗手段不断翻新，诈骗集团盯上了新的目标群体——年轻的求职者或者大学毕业生，不法分子以"高工资、低门槛"等诱骗这类人群落入圈套，成为诈骗团伙帮凶。因此，电话网络诈骗的犯罪嫌疑人作案时年龄均不大，文化程度较低，且其籍贯或活动区域呈现明显的地域特点。某些地区因电信网络诈骗犯罪行为高发、手段相对固定而成为网络诈骗的高危地区。需要说明的是，网络诈骗的地域特征明显，不意味着某种作案手法只有高危地区、高危人群才会实施，而是该类型的诈骗案件呈现以某一高危地区人员实施较多的特征。

3. 链条产业化

由于我国网络电信诈骗犯罪呈现出地域产业化特点，在这些高危地区往往围绕某种诈骗手法形成了上下游产业链。近年来，加上境外网络电信诈骗犯罪集团大肆组织、拉拢、欺骗、利诱一些年轻人参与犯罪，逐渐形成了一条成熟完整的地下产业链。

4. 行为手法多样化

近十年是互联网高速发展的十年，也是网络电信诈骗手法不断翻新的十年。新型诈骗手法层出不穷，从冒充社保、医保、银行、电信等工作人员，到校园贷、套路贷、裸贷等无抵押贷款诈骗，再到求职、购物、赌博等消费贷款诈骗。据国家反诈中心统计，目前常见的网络电信诈骗手段有 47 种。此外，从各地破获的案件看，高危籍贯的犯罪嫌疑人相互串联、勾结从事犯罪活动的也趋于增多，高危人群诈骗手法的交叉趋势十分明显。

（三）校园常见网络电信诈骗类型

1. 校园贷

目前，一些不法分子抓住部分大学生盲目攀比、过度消费等特点，通过网络贷款平台面向在校大学生开展贷款业务，而很多校园贷其实都是披着伪善外衣的高利贷。所谓的"低利率、免利息"都是诱导大学生进行贷款的诱饵，最后使他们利滚利欠下巨债。

【诈骗案例】2017 年 4 月 11 日，厦门某高校一名大二女生因陷校园贷，在泉州一宾馆自杀。据报道，该女生借款的校园贷平台至少有 5 家，仅在某一家平台就累计借款 257 笔共 57 万多元。其家人曾多次帮她还钱，其间还曾收到过"催款裸照"。

警方提醒：大学生应根据自身经济状况合理消费，做到量入为出、适度消费，减少情绪化消费、跟风消费，拒绝盲目攀比、过度消费、超前消费。同时，应掌握金融贷款知识，提高对金融诈骗和不良借贷的防范意识，谨防落入欺诈陷阱；遇到困难，应主动向学校寻求帮助。此外，要谨慎使用个人信息，不随意泄露；妥善保管身份证、银行卡，坚决不将身份证、银行卡借给他人使用；如已陷入不良网贷，应及时向学校报告有关情况，并寻求公安部门帮助。

2. 伪造班级 QQ、微信群诈骗

每逢新生开学季，各大网络平台会有大量真假难辨的"新生班级群""资料墙""大一新生墙"，它们或是假装校方发布收费信息，或是到各个学校学生群中发布诱导用户添加好友的引流话术，如宿舍网费优惠券、大学英语四六级、计算机二级等相关的付费内容，一旦付钱，你就成了上钩的鱼。一些诈骗分子会在新生群里冒充学长或学姐和新生们套近乎，嘘寒问暖，在获取新生和家长的信任后就开始推销手机、电话卡、上网卡等物品。

【诈骗案例】2022 年 9 月，重庆市某高校新生李某提前加入了学校班级群，她看到一则消息，形式为 QQ 群内通知，要求新生缴纳体检费和被褥费以及教材费共计 1 888 元。由于发消息人的昵称为"辅导员王老师"且与王老师头像一致，群内已有同学陆续上传缴费截图，李某便没有怀疑，立即扫描对方所发的二维码，转账 1 888 元。不久后，该账号突然退出群聊，群内同学通过电话咨询学校老师后才发现被骗。

警方提醒：学生和家长务必谨记，所有的收费事宜，一定要从学校公布的官方途径了解，或直接和校方、老师联系，经多方确认后再进行下一步操作，切勿轻信他人、随意点击不明网络链接。如果涉及诈骗和敲诈勒索，可以直接报警。

3. 兼职诈骗

不法分子抓住大学生想要早日赚钱的心理，打着招聘兼职人员的幌子，骗取新生钱财或个人信息。这目前多见于求职人员通过不法分子提供的"购物平台"帮忙"先垫付"刷单，最终血本无归。

【诈骗案例】2023 年 5 月，昆明某高校小彭同学的微信接到一个好友申请，对方昵称是"大学生兼职"，小彭通过对方的好友申请后就没有与对方联系过。过了几天后小彭被拉到一个群，群没有名字，拉进去之后就有人发了任务，关注抖音号，截图发在群里，然后在群里发自己的收款码，对方就支付佣金，然后陆陆续续有群友发布收款截图。她试着做了两单，得到了可观的回报。

之后，群主在群里发消息说如果还要接着做任务的话要下载 App，并发了链接。小彭通过链接在苹果手机浏览器下载了"优选集"App，并进行了手机号码注册。"优选集"是一款类似聊天软件的 App，小彭点进去之后就被拉到一个叫"商家联盟任务 22 群"的群，群里的派单员发布任务。她接受任务后，收到指定人员提供的银行账号，指定人员还教其怎么充值。一开始对方给她排的单都是小额代付，做完之后对方说还

有任务，做完之后才会一并退款，她就接着帮忙刷单。到最后转了 6 666 元，对方说因为操作失误导致损失，说还需要继续做 15 000 元的任务再一并退还做任务的钱，她才发现被骗，至此损失累计达 3 万余元。

警方提醒："刷单"本身就是一种违规违法行为，网络上的兼职刷单广告都是诈骗分子投放的，"先垫付"刷单只会让人越陷越深，造成较大损失。当看到兼职信息时，切勿盲目报名，应先确认信息的真实性，可向老师咨询或者上网查询机构是否正规。

4. 推销诈骗

推销诈骗是大学生经常遇到的骗局，主要诈骗对象是新生。会有很多所谓的学姐、学长来给你推销日常用品如充电宝、网线、鼠标键盘等，这些东西有些没有质量保障，有些是假冒伪劣产品，有些比外面卖得贵，还没有售后保障。

【诈骗案例】男子苏某在广州各大高校以发传单、在校园网发帖等形式招募电话卡校园代理，声称有"交纳 120 元，可享受 240 元消费；话费返分期到账，每月 20 元"的大优惠，每充一个号码，代理可得 23 元。丰厚回报吸引了不少大学生成为"校园代理"，自行"充"了 120 元，当天果然有 20 元到账，便开始大肆进购电话卡。在各大高校近 5 000 名大学生购买了电话卡后的次月才发现上当受骗，此时苏某早已携带 50 万元巨款潜逃。

警方提醒：对陌生推销者的花言巧语不要轻信，购买东西时最好到学校内外的正规超市、商场购买，另外学校并不会强制要求大家办理校园卡，若要申请电话卡，就要到正规的营业厅办理。

5. 培训诈骗

近年来，各种各样的培训机构越来越多，也出现了不少骗子机构浑水摸鱼。它们通过"考试包过""免考保过""有考试原题和答案""考试可以改分"等虚假宣传来吸引学生。

【诈骗案例】2022 年 3 月，陕西某高校大四学生马同学收到某考公培训机构的退费短信。马同学之前确在该机构购买过线上课程，后因平台倒闭无法退费，马同学通过短信添加对方客服，按照对方指引下载某 App，并绑定本人手机号码、银行卡号进行注册，获得对方返款 3 500 元（70% 的学费）。对方又以购买平台认购证券可全额退费为由，诱导马同学将资金转入对方指定账户。马同学先后向对方提供的 3 个账户转账，共计 1.5 万元，后对方一直未进行退费，马同学才发现被骗，遂报警。

警方提醒：在选择培训机构报名时，要时刻留心，摸清培训机构的资质，尽量找大众化的机构报考，不要贪图便宜，不轻信虚假宣传，要避免踏入考证陷阱，时刻谨防诈骗。

6. 网络购物诈骗

网购购物方便快捷，是大学生购置日常生活用品的重要途径，因此大学生极易陷入以网购退款为名的骗局。如有谎称受害人购买的货物有问题需要申请退款，并让受害人添加"官方客服"微信、QQ 或支付宝，再用受害人支付信用不足、账户异常无法到账、需要提高信用额度等借口诱使受害人转账或贷款给对方，最终使受害人上当受骗。

【诈骗案例】李同学平时喜欢抱着手机刷抖音在直播间抢购低价好物。某天她被主播王某直播间内发布的抽奖信息吸引，于是添加主播王某的微信。王某的朋友圈有很多购物抽奖活动，并且号称中奖率为百分之百。于是李某便购买了 2 000 余元化妆品，随后抽中了手机一部。但李某迟迟未收到奖品，于是便联系主播王某，却发现自己已被拉黑删除，李某这才意识到自己被骗。

警方提醒：网购需选择正确的渠道，确认交易真实无误后，再进行操作，要保护好自己的个人钱财，切勿将个人信息泄露给他人。

三、大学生信息网络犯罪帮助行为

随着高校就业形势日益严峻，一些大学毕业生贪图"高回报、高工资"，最终演变成网络电信诈骗的主体，成为参与网络电信诈骗的"帮凶"。

（一）帮信罪的概念

帮信罪，即"明知他人利用信息网络实施犯罪，为其提供互联网接入、服务器托管、网络存储、通信传输等技术支持，或者提供广告推广、支付结算等帮助，情节严重的行为"，就是我国《刑法》第二百八十七条规定的"帮助信息网络犯罪活动罪"。

（二）帮信罪的特点

帮信罪已成为我国刑事犯罪的三大罪名之一，在生活中屡见不鲜，甚至防不胜防，只有了解其犯罪的特征，才不至于掉入帮信罪的坑里，不给自己的生活和工作带来麻烦。我们从帮信罪作案方式和个人心理方面归纳了帮信罪的 5 个特征：

（1）实施帮信犯罪的行为人主要以青年为主，以在校学生、应届毕业生、"90 后"为主。他们大多数人受过高等教育，但是社会经验不足，个人法律意识淡薄。

（2）出卖本人或他人的"两卡"。帮信罪的作案方式大部分是向犯罪嫌疑人贩卖或者出借个人银行卡、电话卡，即俗称的"两卡"。犯罪分子利用学生社会经验不足、容易轻信他人的特点，借用学生支付宝或微信账号甚至手机直接给实施网络诈骗组织使用，或直接通过学生的支付账号转移诈骗资金。诈骗组织利用犯罪嫌疑人的合法身份进行转账交易结算，犯罪嫌疑人从中抽取一定好处费。

（3）借朋友之名，嫁祸栽赃。一些不法分子善于"杀熟"，向受害者提出借用他的电话卡或者银行卡，以个人走账或者本人的卡不方便等理由，利用受害者不了解帮信罪、没有意识到其中的风险或者不好意思拒绝等弱点，或者朋友之间应该相互帮忙、"成人之美"的错误想法，使受害者遭受牢狱之灾。

（4）贪图蝇头小利，冒险刷单挣佣金。当前，我国公民个人的手机卡、银行卡和账户已经实现实名制，但是仍然有很多人禁不住金钱的诱惑，特别是在校大学生作为纯消费者，禁不住所谓"校园兼职"的诱惑，收点报酬，就帮忙刷单挣佣金，从而泄露自己的手机卡、银行卡、账户信息，甚至在明知对方是为了违法犯罪活动而购买相关信息时，仍然进行交易。

（5）甘做客服引流，害人害己。帮信罪并不局限于出售银行卡或帮助主犯走账，有的违法犯罪人员为了实施诈骗、非法集资等行为，会招聘许多客服人员进行推广，拉来客户后按人头发放佣金。这种结算方式十分吸引学生以及无固定职业的人员，他们以为这可以赚钱改善自己生活，殊不知自己的行为是在协助犯罪分子，使许多家庭破碎，而自己也难逃法网。

（三）帮信罪的入罪标准

根据我国《刑法》第二百八十七条第二款的规定，帮助信息网络犯罪活动以"情节严重"为入罪门槛。根据司法实践的具体情况，《最高人民法院、最高人民检察院关于办理非法利用信息网络、帮助信息网络犯罪活动等刑事案件适用法律若干问题的解释》第十二条第一款明确了"情节严重"的认定标准。具体而言，明知他人利用信息网络实施犯罪，为其犯罪提供帮助，具有下列情形之一的，应当认定为"情节严重"：

（1）为三个以上对象提供帮助的；

（2）支付结算金额二十万元以上的；

（3）以投放广告等方式提供资金五万元以上的；

（4）违法所得一万元以上的；

（5）二年内曾因非法利用信息网络、帮助信息网络犯罪活动、危害计算机信息系统安全受过行政处罚，又帮助信息网络犯罪活动的；

（6）被帮助对象实施的犯罪造成严重后果的；

（7）其他情节严重的情形。

根据《关于办理电信网络诈骗等刑事案件适用法律若干问题的意见（二）》第七条的规定，为他人利用信息网络实施犯罪而实施下列行为，可以认定为《刑法》第二百八十七条第二款规定的"帮助"行为：

（1）收购、出售、出租信用卡、银行账户、非银行支付账户、具有支付结算功能的互联网账号密码、网络支付接口、网上银行数字证书的；

（2）收购、出售、出租他人手机卡、流量卡、物联网卡的。

根据《关于办理电信网络诈骗等刑事案件适用法律若干问题的意见（二）》第九条的规定，明知他人利用信息网络实施犯罪，仍为其犯罪提供下列帮助之一的，可以认定为《最高人民法院、最高人民检察院关于办理非法利用信息网络、帮助信息网络犯罪活动等刑事案件适用法律若干问题的解释》第十二条第一款第七项规定的"其他情节严重的情形"：

（1）收购、出售、出租信用卡、银行账户、非银行支付账户、具有支付结算功能的互联网账号密码、网络支付接口、网上银行数字证书5张（个）以上的；

（2）收购、出售、出租他人手机卡、流量卡、物联网卡20张以上的。

自2020年"断卡"行动开始以来，帮助信息网络犯罪活动罪的适用激增，大学生更应该了解帮信罪的入罪标准，熟悉法律适用，远离网络犯罪的侵害，维护个人权益。

【"断卡"行动】2020年10月10日，国务院召开打击治理电信网络新型违法犯罪工作部级联席会，决定自10月10日起，在全国范围内开展"断卡"行动。2021年6月，工信部、公安部发布通告，部署依法清理整治涉诈电话卡、物联网卡以及关联互联网账号工作，明确凡是实施非法办理、出租、出售、购买和囤积电话卡、物联网卡以及关联互联网账号的相关人员，自通告发布之日起，应停止相关行为，并于2021年6月底前主动注销相关电话卡、物联网卡以及关联互联网账号。

1. "断卡"行动断的是哪些卡

（1）手机卡：既包括我们平时所用的三大运营商的手机卡，也包括虚拟运营商的电话卡，同时还包括物联网卡。

（2）银行卡：既包括个人银行卡，也包括对公账户及结算卡，同时还包括非银行支付机构账户，即我们平时所说的微信、支付宝等第三方支付账户。

2. 有哪些"断卡举措"

（1）打击

①开卡团伙：利用管理漏洞为大批量开卡提供便利的"内鬼"。

②带队团伙：诱骗或者组织他人开办电话卡、银行卡的团伙。

③收卡团伙：接收带队团伙手机卡、电话卡的团伙。

④贩卡团伙：接收卡，并层层贩卖赚取差价的人员。

（2）整治

①重点地区："涉案"两卡的开办地、户籍地，"涉案"两卡的中转地。

②重点行业：金融行业，主要包括各银行网点、第三方支付机构；通信行业，主要包括三大运营商、虚拟运营商，也包括代理、线上渠道等。

（3）惩戒

①惩戒"两卡"违法失信人或单位。

②对出租、出售、出借、购买银行卡的，暂停5年内银行账户非柜面业务和支付账户所有业务，不得开立新账户。

第三节　大学生网络法治素养提升

新时代大学生的网络法治素养关系到全社会网络法治素养的总体水平，关系到法治中国建设的进程。增强网络法治意识，自觉养成良好的网络素养是大学生成长成才的内在需要，也是营造校园清朗网络空间、建设文明校园的必然要求。

一、提高网络法治意识

网络法治意识是社会主义法律意识的重要组成部分。大学时期是人生的重要时期，增强网络法治意识，依法行使权利与履行义务，有助于大学生在网络空间领域懂法、守法、用法，维护个人权益，远离网络危害。

（一）网络法治意识的概念

网络法治意识是指网络主体对网络法治理论的认知和理解，对网络法治现象的认识、观点和心理的总称。网络法治意识内含着人们对网络法治的认知、认同感和对网络法治的信仰，其作用在于增强人们在网络空间领域的懂法、守法、用法的意识。

（二）提高网络法治意识的路径

1. 在理论学习中增强网络法治认知

大学生要形成网络法治意识，需要掌握一定的网络法治理论知识。既可以在课堂上进行网络法治知识的学习，也可以通过阅读法治知识的书籍进行学习，还可以利用手机、平板、电脑等电子产品观看网络法治节目、网络法治新闻，浏览网站论坛等进行学习，以提高学习网络法律知识的兴趣，增强网络法治学习的效果。

2. 在网络自律中产生网络法治认同

大学生的网络道德自律意识主要体现为大学生在利用网络学习、交友、娱乐的过程中的行为自觉性，在网络中能够遵守道德规范。面对纷繁复杂的网络世界，大学生要自觉遵守法律法规，力求通过自身的自律杜绝网络违法现象发生，不浏览违规网站、不翻墙浏览境外网站，不参与网络违法活动，敢于同不良网络行为做斗争，充分发挥自身的主观能动性，养成自律意识，实现自我成长。

3. 在网络法治实践中坚定网络法治信仰

大学生可以参加学校组织的模拟法庭、网络法治知识竞赛、网络法治知识讲座、网上主题党课团课等网络法治实践活动，或者访谈社区居民、调研在校师生等网络法治调研活动，结合所学的网络法治理论知识，努力践行网络法律法规，坚定网络法治信仰。

二、掌握网络安全技能

网络是把双刃剑，网络给我们的生活、工作和学习带来了许多便利，使工作提高了效率，生活变得更加便捷。但面对网络病毒的迭代更新、不法分子利用网络犯罪等危险，大学生需要学习和掌握网络安全技能。

（一）有效利用网络，防止网络攻击

（1）采用更安全的操作系统，安装防火墙软件、正版杀毒软件等。

（2）在服务器系统端口进行必要的屏蔽（建议由系统管理员处理）。

（3）对用户系统和上网软件及时下载补丁、进行程序升级，定期对系统进行病毒扫描。

（4）灵活设置和管理个人账户、密码。

（二）谨慎使用网络社交

（1）在使用通信交友软件或上网交友时，尽量使用虚拟的名称、电子邮箱等方式，不轻易告诉对方自己的姓名、住址、电话号码等个人真实的信息。

（2）不轻易与网友见面。许多大学生与网友沟通一段时间后，感情迅速升温，不但交换了真实姓名、电话号码等个人信息，还会产生见面的冲动。

（3）与网友见面时，要有自己信任的同学或朋友陪伴，尽量不要一个人赴约。约会的地点尽量选择公共场所、人员较多的地方，不要选择偏僻、隐蔽的场所。约会的时间尽量选择在白天，否则一旦发生危险情况，可能会得不到他人的帮助。

（4）在网络聊天时，不要轻易点击网络链接或来历不明的文件，这些链接或文件往往会携带病毒，有窃取个人信息的危险，或带有有攻击力的黑客软件。

（5）警惕网络色情聊天和反动宣传。聊天室里汇聚了各类人群，其中不乏好色之徒，很多聊天室都有违规网站的链接以换取高频点击率；也有一些组织或个人利用聊天室进行反动宣传。这些都应引起大学生的警惕。

（三）科学利用网络资源

（1）在浏览网页时，尽量选择合法网站。互联网上的各种网站数以亿计，网页的内容五花八门，绝大部分内容是健康的，但有些非法网站为达到自身目的，不择手段，利用人们的好奇心，放置一些不健康甚至反动的内容。而合法网站在内容的安排和设置上大都是健康的、有益的。大学生应当注意甄别网站是否合法。

（2）不要浏览色情网站。大多数的国家都把色情网站列为非法网站，这些网站在我国更是扫黄打非的对象。浏览色情网站，会给自己的身心健康造成伤害，长期下去还可能导致性犯罪。

（3）网络发言应谨慎客观。浏览微博、抖音、知乎等社交媒体时，有的人喜欢发表言论，部分言论甚至带有攻击性或者反动、迷信的内容。有的人是出于好奇，有的人是在网上打抱不平，这些容易造成自己的 IP 地址、个人信息泄露，遭受到他人的攻击、网络暴力，更重要的是有可能触犯法律。

（四）树立正确的网络消费观念

（1）选择合法的、信誉度较高的网站交易。网上购物时必须对该网站的信誉度、安全性、付款方式特别是以信誉卡付费的保密性进行考察，在付款前要多加注意，防止个人账号、密码被盗，造成不必要的损失。

（2）微博、抖音、小红书等软件里面的销售广告只能作为购物参考，进行二手货物交易时更要谨慎，不可贪图小便宜，要尽量选择有法律保障的途径。

（3）避免在未提供足以辨别和确认销售方信息的资料（缺少登记名称、负责人名称、地址、电话）的网络商店购物，若对该商店感到陌生，可通过查询网络商店的信誉度等进行核实。

（4）若网络商店所提供的商品的售价远低于市价或明显不合理时，要小心求证，切勿贸然购买，谨防上当受骗。

（5）进行网上交易时，应妥善保存交易记录。

（6）购买商品之后，不要轻易相信号称来自商家的短信、微信等，正规商家只会通过官方途径联系消费者。一些假借商品质量问题要求消费者退货或者承诺退款的信息，其根本目的是获取个人支付信息，骗取个人钱财。

【网络安全小贴士】

（1）核实网站真伪，尽量到知名、权威的网站购物，仔细甄别，严加防范。

（2）尽量选择比较安全的第三方支付平台，切忌直接与卖家私下交易。

（3）关注商家的信誉、评价和联系方式。

（4）不贪小便宜，不要轻信网上的低价推销广告，也不要随意点击未经核实的陌生链接。

【网络防骗"十凡是"】

（1）凡是自称公安机关、检察院、法院等单位要求汇款的。

（2）凡是要求汇款到"安全账户"的。

（3）凡是通知中奖积分兑换要先交钱的。

（4）凡是通知"亲朋好友"出急事要求汇款的。

（5）凡是索要个人和银行卡信息及短信验证码的。

（6）凡是说工作又轻松又高薪，还日结薪酬的。

（7）凡是要求开通网银远程协助接受检查的。

（8）凡是通知网购系统、订单错误需要进行操作的。

（9）凡是自称领导要求突然汇款的。

（10）凡是陌生网站要求输入银行卡信息的。

【网络防骗"五不要"】

（1）不要轻信陌生人：不要轻信网络上的陌生人，尤其是那些声称能够提供高额回报或快速致富机会的人。

（2）不要随意点击链接：不要轻易点击不明来源的链接，尤其是那些通过电子邮件、短信或社交媒体发送的链接，因为它们可能含有恶意软件或钓鱼网站。

（3）不要泄露个人信息：不要在不安全的网站上输入或泄露你的个人信息，包括身份证号、银行账户、密码等敏感信息。

（4）不要忽视安全提示：如果你的电脑或手机安全软件发出警告，不要忽视它们。这些提示可能是在告诉你存在安全风险。

（5）不要急于转账：在进行任何形式的在线交易之前，确保你已经进行了充分的调查和验证。不要在没有充分了解对方或交易详情的情况下匆忙转账。

【网络防骗"两核实"】

（1）核实可疑信息。陌生可疑的短信、电话、QQ、微信、邮件、通知等，只要不清楚情况，都通过官方渠道进行核实。

（2）核实转账请求。他人要求借钱、打款、线上支付、充值等，所有金钱往来，一定要当面或电话联系到本人进行确认。

【网络防骗"四不原则"】

（1）不汇款。所有的诈骗，最终目的就是你的财产。不法分子通过电信网络进行的诈骗通常是以电话、微信、短信、邮件等非面对面联系方式诱导你上当，最后以汇款的方式获得你的财产。所以，在没有完全确认对方身份时，请你坚持"不汇款"原则。

（2）不轻信。不法分子通常以公权机构人员的身份或是你熟悉的人的身份通过通信工具与你联系，然后上演一套又一套的套路。其目的就是要你相信他的身份，以便骗取你的财物。所以，在无法确认通信工具对面人的身份时，请你坚持"不轻信"原则。

（3）不泄露。随着人们的安全意识逐步提高，不法分子为提高作案成功率，需要了解受害人的个人信息后再实施精准诈骗。因此，你的个人信息泄露越少，成为诈骗对象的概率就越低。打击电信网络新型违法犯罪，就从保护自身个人信息开始。请你坚持个人信息"不泄露"原则。

（4）不链接。不法分子获取个人信息最方便、最隐蔽，获取信息最多的方法就是通过网络，以钓鱼 Wi-Fi、钓鱼链接等办法，让受害人自己加入免费 Wi-Fi 或点击网络链接。因此，请你坚持不加入陌生 Wi-Fi，不点击陌生链接，也不下载陌生 App 的"不链接"原则。另外，若你开放个人热点和共享 Wi-Fi，请务必设置密码。

第三章
大学生网络消费素养教育

　　随着互联网越来越深入人们的日常生活，网络消费作为一种新型消费模式，以其便捷、方式多样等特点逐渐成为人们的主流消费方式。中国互联网信息中心（CNNIC）发布的第 52 次《中国互联网发展状况统计报告》显示，截至 2023 年 6 月，我国网络购物用户规模达 8.84 亿人，占网民整体规模的 82%；全国网上零售额达 7.16 万亿元，其中实物商品网上零售额 6.06 万亿元，占社会消费品零售总额的比例为 26.6%。新时代的大学生追求时尚与个性，易接受新兴事物，拥有一定的经济实力和消费空间，是网络消费的重要群体。中国青年网校园通讯社对 4 673 名大学生进行的问卷调查结果显示，在日常的消费中选择线上购物的大学生占比高达 89.92%①。

第一节　认识网络消费

一、网络消费的概念

　　网络消费是网络经济条件下依托互联网和信息技术的新型消费模式，这种足不出户就可以货比百家的购物方式给消费者带来了全新的购物体验。1999 年 10 月美国得克萨斯大学发布的《测量 Internet 经济》把网络经济分为四个层次，从低到高依次为基础设施层、应用基础层、中间服务层和商务应用层，而电子商务处于网络经济的最高层次。消费者通过电子商务来满足个人需要的过程，就是网络消费。

　　狭义的网络消费是指通过互联网购买商品。广义的网络消费是指直接或间接利用互联网的信息满足消费者需要的过程，不仅包括网络购物，还包括网络信息消费，是网络信息获取、网络教育、在线影视、网络游戏在内的所有网络消费形式的总和，是

---

　　① 佚名. 大学生消费观调查：近九成大学生主要通过网购消费［EB/OL］.（2023 - 08 - 29）［2023 - 09 - 22］. https://baijiahao.baidu.com/s？id＝1775549821057230802&wfr＝spider&for＝pc.

信息化与消费的深度融合。网络消费的产品包括物质产品和精神产品，包括以下三个方面：一是为实现网络消费提供的计算机硬件产品；二是互联网提供的功能和各种信息产品，如操作系统、浏览器和 web 服务器；三是网络所提供的各种服务和实体产品①。

二、网络消费的特点②

（一）网络消费突破了传统消费的时空限制

国内主要的网购平台之一淘宝曾经的口号"随时随地，想淘就淘"，很好地概况了网络消费方便、快捷的优势。在传统消费过程中消费者只能前往商店消费，会受时间地域等的限制。网络销售只需要在网络平台上开设虚拟店铺上架各类产品就行，无论是实物商品、虚拟服务还是生活缴费，消费者都可以随时随地通过网络进行消费。网络消费满足了不同人群在不同时段里多样化的消费需求，从而使消费更具自由性和高效性。但同时也需注意，网络消费的便捷性与虚拟性，不仅容易导致非理性消费，还增加了消费过程中的风险。

（二）网络消费比传统消费更具选择多样性

网络消费极为便捷，只需要连接网络登录个人账号，消费者就可以选购商品、即兴消费。网络消费的范畴逐步在扩大，有实体商品、在线教育、外卖服务、出行服务、折扣团购、生活缴费以及虚拟商品的消费。网络消费平台负责提供详细的分类搜索服务，网络商家始终致力于提供种类多样的商品，以满足不同消费者的多样化需求。相对于传统消费，网络消费为消费者提供了丰富的消费选择，使消费流程简化，消费效率提高，实现了商品和服务的快速流通。

（三）网络消费比传统消费更具主体自主性

在传统消费过程中，买卖双方掌握的商品信息不对等，消费者常属于弱势一方，消费行为易受销售者的销售欲望和销售技巧的影响。相对于传统消费，网络平台上提供的丰富的商品信息，可以帮助消费者进行横向、纵向的比较，消费者原本被动的消费变得更为主动，在整个消费活动中更具自主性。

三、大学生网络消费现状分析

（一）呈多元化发展

艾媒咨询推出的《2021 年中国大学生消费行为调研分析报告》③ 显示，大学生兴趣爱好较为广泛，但游戏依旧最受他们欢迎。近六成大学生热爱打游戏；近五成大学生热爱健身；另外，传播二次元文化、付费自习室、追星、玩剧本杀、看直播等也是

① 吴德强. 网络消费的发展及特征解析［J］. 商业时代，2008（16）：82-83.
② 吴涵. 网络消费对大学生消费观的影响与对策研究［D］. 长春：长春理工大学，2020.
③ 艾媒咨询. 2021 年中国大学生消费行为调研分析报告［EB/OL］.（2021-07-29）［2023-10-13］.https://baijiahao.baidu.com/s？id=1706614539566439409&wfr=spider&for=pc.

大学生群体的热门兴趣爱好（见图 3-1）。随着时代的发展，大学生消费观念也在改变，加上受群体示范效应的影响，大学生网络消费逐渐朝向多元化发展。除了基本的食品、日用品外，消费商品主要集中在娱乐、化妆、社交、电竞、健身、旅游、养生等方面（见图 3-2）。调研数据显示，大学生群体的月均可支配金额中位数为 1 516 元，饮食及日用消费是大学生生活的刚需，在其整体生活费中的占比一般在 50%左右；社交娱乐类消费在大学生群体的非刚需消费中占比较大，聚餐、看电影是最常见的社交娱乐方式，有 60%的大学生进行了此类消费。

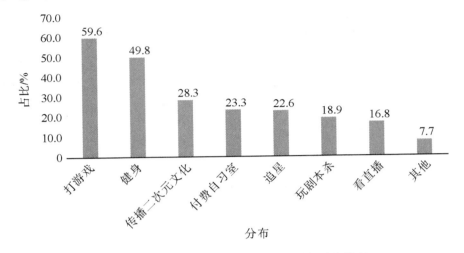

图 3-1　2021 年中国受访大学生兴趣爱好分布情况

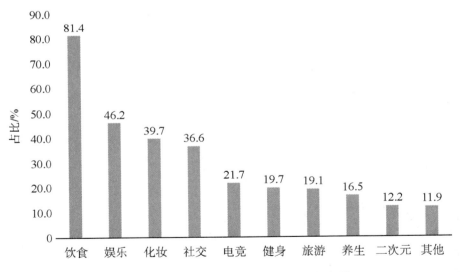

图 3-2　2021 年中国受访大学生消费商品偏好情况

（二）追求性价比

艾媒咨询的调研结果显示，超过七成受访大学生的主要收入来源于父母给予的生活费，小部分会通过兼职等渠道增加收入，因而大学生群体在进行购物、文娱、知识付费等项目消费时，对性价比的关注度普遍较高（见图3-3）。不同于传统的线下砍价、在商超打折季购物囤货的场景，网络环境下新消费模式的兴起，催生了互联网"新节俭模式"。《中国青年报》发起的中青校媒就相关问题面向全国各地大学生发起问卷调查，共回收来自123所高校学生填答的1873份有效问卷。调查结果显示，68.55%的受访者曾在互联网平台上寻找五花八门的省钱方式，20.18%的受访者因没有渠道而尚未尝试，也有11.27%的受访者觉得没有必要尝试。作为互联网一代，当代大学生秉持"钱要花在刀刃上"的理念，花式继承节俭传统，受访大学生选择最多的网购省钱方式是使用电商平台拼单团购功能（59.58%），其次是网络"货比三家"，对比不同平台、商家产品的性价比（58.36%）。此外，把需要的商品攒到购物节、打折季再买（37.85%），通过电商购物平台、直播等领取优惠券（37.27%），用积分兑换优惠券或现金（34.49%），在二手平台购物（21.62%），通过二手平台售卖闲置物品（17.03%）等，也是受访大学生的选择[①]。

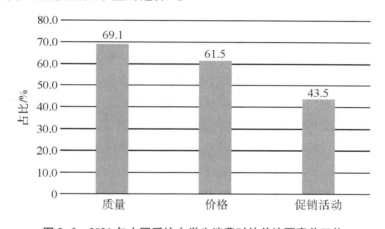

图3-3 2021年中国受访大学生消费时的关注要素前三位

（三）热衷网络文化消费

随着网络渗透至人们生活的方方面面，网络文化消费成为当下非常流行的一种文化消费方式。网络所提供的全新平台，让大学生的网络文化消费也呈现出更加丰富、更加精彩的形态。网络文化消费是人们为了满足自己精神文化需求而在网络上购买各种文化商品的消费活动，购买网络课程、电子书籍，观看网络娱乐视频都属于网络文化消费的范畴。艾媒咨询的调研结果显示，近六成的受访大学生热爱打游戏，娱乐性活动在大学生网络文化消费中占据主导地位。作为未步入社会的年轻群体，大学生很容易在冲动下进行网络文化消费，如在直播或短视频平台花费大量金钱为主播打赏、为游戏进行大额充值等。网络文化消费无序化增长，对大学生的身心健康、财产安全带来了不可忽视的负面影响。

①　佚名."互联网一代"开启新节俭模式[EB/OL].(2022-03-04)[2023-09-27].https://baijiahao.baidu.com/s？id=1726339150947469005&wfr=spider&for=pc.

（四）消费行为异化

消费的原始目的是人与人之间置换物品的使用价值，而在生产型社会转向消费型社会时人的消费目的愈发多变，逐步异化为资本追逐利润的工具，异化现象逐渐在消费领域显露。在互联网背景下，大学生的消费行为易产生偏差，盲目从众消费、情绪主导消费、享乐借贷消费等都偏离了健康的轨道。基于数字技术的加持，消费者的消费倾向被数据化，网络平台消费广告投放的精准度提升，消费者的网络消费时间成本缩减，致使大学生在进行网络消费时容易忘掉自身的实际所需。同时，大学生又是粉丝群体的鲜活力量，容易为偶像明星产生超出实际消费能力的消费。直播情景化消费是当今大学生群体中十分常见的消费形式，艾媒咨询的调研结果显示，36.2%的大学生表示最能够被抖音等短视频平台的广告所吸引。同时，面对网络平台上琳琅满目的商品，大学生易受外部世界影响而产生情绪波动，从而进行无节制的消费①。

（五）趋向于网络超前消费

随着数字技术和互联网的迅速发展，我们的社会正在快速步入数字金融时代，电子货币支付正逐渐成为主要的支付方式。数字金融的发展与变革，促使各种互联网消费信贷不断涌现，超前消费已经成为当代社会人们满足自身消费欲望的重要方式。而大学生对流行的消费形式和观念的接受更为迅速。一方面互联网消费信贷具有支付便捷且不需要抵押的特点，减轻了大学生面临的流动性约束，增强了他们的即期消费能力。另一方面，用互联网支付的损失感低于现金支付的损失感，会刺激大学生更快速地做出消费决策。艾媒咨询的调研数据显示，受访大学生中赞成超前消费的人数占比54.9%，支付方式偏好分期支付的人数占比53.3%②。

第二节　大学生网络消费素养提升

网络消费深刻地影响着大学生群体的思想观念与生活方式，大学生网络消费观念是信息技术快速发展、人们消费水平不断提高的产物，是大学生价值观念的重要表征，体现着当代大学生的物质生活状态与精神世界建构情况。大学生应树立正确的价值取向，以此来调节、规范自身的网络消费活动。

一、培养健康的网络消费观③

（一）理性的网络消费观

黄守坤认为："理性消费实际上是指在消费者的消费能力允许的范围内，消费者对

---

① 徐洋. 大学生网络消费异化现象探析［J］. 文教资料，2023（7）：182-186.
② 艾媒咨询. 2021年中国大学生消费行为调研分析报告［EB/OL］.［2021-07-29］（2023-09-25）.https://baijiahao.baidu.com/s？id＝17066145395664394 09&wfr＝spider&for＝pc.
③ 王晓妍. 当代大学生网络消费观教育研究［D］. 北京：中国计量大学，2019.

产品和服务的性价比进行比对之后得出是否消费的结论。"① 2017 年诺贝尔经济学奖获得者理查德·泰勒教授指出人们是否理性与所处的社会环境有很大的关系。大学生普遍拥有强烈的消费愿望，但是受到其可支配金额的限制，消费不能做到随心所欲。大学生的非理性消费行为容易使其陷入崇尚虚荣和物质的泥沼，在没有自主经济来源的情况下压缩基本生活消费的份额，部分学生或外出打工补贴开销，或利用校园借贷等极端手段筹措资金，更有甚者可能会因此走上违法的道路。

在这样一个万物皆可购的互联网时代，大学生的价值观尚处于形成时期，健康的大学生网络消费观应当是理性的，大学生的网络消费应符合个人身心健康和自身全面发展的需求，大学生对于网络上的推荐商品应进行理性识别，既接受正向的网络文化，也兼顾理性的网络消费，同时还需要注重自我实现、自我完善等方面能力的培养。

（二）节约的网络消费观

经济学家萨伊曾说过："一有钱就想着出去消费，只有到了没钱的时候才知道节制自己的消费，这种做法是不值得提倡的。因为大自然的动物也可以这么做，一些需要过冬的动物甚至还可以在风雪到来之前囤积足够的粮食。人是充满智慧和先知的生物，对于一些没有恰当理由的消费支出，人们应该学会控制自己，就算为了传达节约的观念也不应当一有钱就进行消费。"中国奢侈品研究中心的研究报告显示，奢侈品行业的数字化发展正在推动奢侈品市场发生巨大变化，千禧一代是当前奢侈品消费的中流砥柱，分别占线上、线下奢侈品消费的 66.7%、63.1%；千禧一代对数字经济的适应程度较高，选择线上、线下奢侈品购买渠道的占比分别为 25.7%、74.3%②，未富先奢已成为当代许多年轻人的消费状态，他们忽视了商品的使用价值而盲目追求其符号价值，以名牌包装自我并与同辈群体相互攀比、炫耀。对于没有经济来源的大学生来说，崇尚奢侈享受的消费观念更是不可取。

勤俭节约是中华民族的传统美德，大学生应该把自身的实际需求作为消费购物的出发点，把自己的消费水平控制在自己和家庭能够承受的水平之内，反对铺张浪费。节约的意义在于"不畏浮云遮望眼"，即不被欲望蒙蔽心灵，而是保持做人的初心，以俭为德，将其融入自身的修养。

（三）绿色的网络消费观

《21世纪议程》指出，"地球所面临的最严重的问题之一，就是不适当的消费和生产模式，导致环境恶化，贫困加剧和各国的发展失衡"，并呼吁"更加重视消费问题"③。如今全球都面临着生态危机，绿色消费已经成为时代发展的必然要求。绿色消费观是以绿色发展理念为思想引领，多方考虑消费对于个人及社会等多个方面的影响。

---

① 黄守坤. 非理性消费行为的形成机理 [J]. 商业研究，2005（10）：14-17.

② 佚名. 中国奢侈品消费行为报告 2022：线上线下融合背景下的中国奢侈品市场发展[EB/OL].（2022-04-01）[2023-10-09]. https://mp.weixin.qq.com/s?__biz=MjM5NzU5MDk0Mg==&mid=2650944532&idx=1&sn=54f3d7caccf0a98d9574aeba2a313733&chksm=bd2136e58a56bff3f4378aaecd44e813ae860889146dd05233f463d27b224b0acf1ec8057dcd&scene=27.

③ 万以诚，方岸. 新文明的路标：人类绿色史上的经典文献 [M]. 长春：吉林人民出版社，2000：47.

《第52次中国互联网络发展状况统计报告》显示，截至2023年6月，我国网上外卖用户规模达5.35亿人，占网民整体规模的49.6%。各种包装盒、网约车服务等加大了垃圾排放量和碳排放量。

绿色的网络消费观倡导计划合理、低碳简约的消费方式，其本质是追求人与人、人与社会、人与自然和谐共生的一种价值观念。绿色发展是一种可持续发展的生活方式，鼓励绿色消费，鼓励走绿色治理的可持续发展道路。大学生在日常生活中应本着绿色低碳的消费观，尽量选择同一商家的商品以有效减少快递包装的使用和物流资源的占用，在校园生活中尽量选择学校食堂就餐，这既有安全保障，又减少外卖服务费，外出尽量选择公共交通，在生活的点点滴滴中践行绿色低碳的消费方式。

二、大学生网络消费素养提升的路径

（一）理性对待网络消费

大学生的网络消费选择体现着大学生群体自主个性的代际特点、自由随性的网络空间特点和物质丰裕的现代社会特点；但这也导致了过度消费等问题，因此大学生应理性对待网络消费。

（1）要确定形成合理的网络消费需求。网络生存已成为当代人生活的现实，大学生基于自身真正的需求做出的网络消费选择，才是理性的网络消费。大学生要把握自身的真实需求和商品的使用价值，摒弃"重符号轻功能"的消费观，抵御消费主义的刺激与引诱，杜绝盲目跟风消费的行为，做出正确的消费选择和判断。

（2）要培养良好的网络消费习惯。大学生网络消费是以对网络消费的客观认知为支撑的。大学生要充分认知网络消费与传统消费的区别，了解网络消费的价值，扬长避短，树立积极正向的网络消费目标，面对多元的网络消费取向，取其先进的、反映时代精神的，做出正确的选择和判断。

（二）科学规范进行网络文化消费

活跃在网络社会的大学生是网络文化消费的主力军，他们的消费层次和品位直接反映了他们自身的价值观。

（1）要提升个人精神追求和文化修养。大学生要提高价值判断力与自控能力，在进行网络文化消费过程中不能仅停留于满足个人情感愉悦的娱乐性文化产品消费，还需要选择那些能够促进和提高自身成长的高价值文化产品，拒绝消费庸俗低劣的网络文化产品。大学生的个人成长需要不断积累文化知识，他们可以通过网络广泛涉猎专业以外其他领域的知识，拓宽自身的知识面，优化自身的知识结构，提升自身的文化修养。

（2）要培养科学规范的网络文化消费行为。大学生在网络文化消费过程中要形成正确的价值取向，提高对网络信息的甄选、解读、批判能力，抵制不良网络信息的侵蚀。大学生应明确网络文化消费目的，树立适度消费、健康消费、高质量消费的观念，合理安排网络使用时间，将更多注意力分配到有意义的网络文化商品上。面对纷繁复杂的网络文化环境，大学生应学会有效甄别网络文化市场中的商品，客观全面看待公共事件、社会现象，理性解读事物本质，自觉抵制不良文化，脱离庸俗文化，成为理性思考者而不是"网络键盘侠"①。

（三）减少网络超前消费

大学生的经济来源主要是父母，应树立良好的消费观，花钱有规划，减少超前消费。

（1）要树立勤俭节约的消费观念。首先，要根据自身的经济能力和可负担程度，科学合理地制订消费计划。其次，大学生的消费支出大多是日常生活支出，在勤俭节约的同时，更要充分了解自身还款能力，科学合理消费。其次，大学生要自觉抵制生活中的各种不良诱惑，不断提升自我控制能力，避免因为沾染不良嗜好而增加额外消费支出，给自身带来负担。

（2）应当提高鉴别能力。近年来我国互联网消费信贷行业发展迅速，互联网消费信贷产品种类繁多、形式多样、质量参差不齐。这就要求大学生要提高自身对于互联网消费借贷平台的甄别能力，选择合法正规的网络消费借贷平台，自觉远离非法"校园贷""学生贷"等产品。

（3）应增强信用意识和法律意识。大学生要主动学习互联网消费信贷政策，了解失信行为给个人带来的不良后果。大学生要主动学习互联网消费信贷的法律法规，当遭遇非法侵害而陷入诈骗泥潭时，要主动寻求法律的武器来维护自身的合法权益②。

第三节　大学生电子商务诈骗防范

电子商务诈骗通常是指在网络环境下，买卖双方不谋面地进行各种商贸活动，实现消费者的网上购物、商户之间的网上交易和在线电子支付以及各种商务活动、交易活动、金融活动等而发生的诈骗案件。电子商务诈骗利用了网络的隐蔽性，逐渐成了社会毒瘤。近年来，大学生已成了电子商务诈骗受骗的受害群体。

一、电子商务诈骗产生的原因

（一）电子商务自身存在缺陷

电子商务的整个交易过程是在网络上进行的，网络技术门槛低、传播成本低、风险小，不法人员易于利用计算机网络技术和多媒体技术制作极为诱人的电子信息，通过商业网站发布自己的商品信息。顾客在购买商品之前只能通过一些图片信息及视频资料了解产品的相关信息，自行确定信息的真实性与有效性。同时，电子商务交易的

①　程越岳，张星. 全媒体视域下大学生网络文化消费研究［J］. 合肥学院学报（综合版），2023（6）：81-89.

②　代栋栋. 网络消费贷对大学生的影响与治理对策［J］. 北方经贸，2022（9）：96.

交易方和交易品审查难度较高，对于部分假冒侵权商品，网站也缺乏足够的鉴别技术和鉴别手段。

（二）社会信用体系尚未完全建立

目前，几乎所有的购物网站均采取了被动审查的模式，即接到相关投诉后再对相关网站和商品进行清查，甚至一些网站为吸引更多卖家，索性对各种虚假信息"睁一只眼，闭一只眼"。另外，电子商务的信用评级还属于行业和个人行为，没有得到政府的支持和认可，评级中介机构、评级依据都未得到法律认可，没有法律效力，信用系统建设的缺失影响了电子商务的正常发展。

（三）大学生是一个特殊的社会群体

大学生群体存在以下特点：一是缺少安全意识，大学生在校内生活学习多年，缺少社会实践，思想相对单纯，容易轻信他人，容易被不法分子盯上。二是对外界缺乏警惕，过于信任他人。部分学生在有求于人而有人愿"帮忙"时，往往急不可待，完全放松了警惕，对于对方提出的要求，常常很"积极自觉"地满足，进而铸成大错。三是存在侥幸心理，被诈骗分子承诺的"好处"所吸引，自以为可以用最小的代价获得最大的利益和好处，对于诈骗分子的所作所为不加深思和分析，最后落得个"捡了芝麻，丢了西瓜"的可悲下场。

二、电子商务诈骗的类型

尽管全国反诈骗力度已经很大，电子商务诈骗案例也常常出现于新闻头条，但仍有人飞蛾扑火，抱着侥幸心理及冒险心理，陷入电子商务诈骗泥潭。电子商务诈骗主要有以下几种类型：

（一）隐私泄露

近年来，人们对于隐私保护越来越重视，但仍能接到不少骚扰电话，这其实就是自己的信息被不法分子利用了。常见街边有人，以小礼物为诱饵，诱导人们扫码加好友或者填写信息，导致个人信息被人获取，被整理后卖给信息需求方。

（二）海外代购真假难辨

网络海外代购已成为当代年轻人的首选，他们大多认为海外物品较国内同等物品便宜。不法分子通过假冒微商，以优惠、打折等为诱饵，通过提供采购小票、进行现场直播等形式来骗取消费者的信任，这既可以获得购买者的个人隐私信息，还可以以"商品被海关扣下，需要缴纳关税"为由来实施诈骗。

【海外代购被骗怎么办】如果消费者遭遇代购被骗，可以在确认收货之前申请退款，或者在确认支付后的 15 个工作日内申请维权。维权需要买方自行提供举证凭据，因此，在代购过程中要注意保留好购物凭证或网上交易记录等证据。网购投诉遵循属地管理原则，即由卖方当地相关部门受理。因此，消费者可以向代购卖家所在的工商部门检举投诉或致电当地维权热线投诉。若虚假宣传、售卖假货、欺诈消费者等违法行为经证实，受害消费者至少可获两倍的赔偿。

（三）网购退款陷阱

不法分子通过冒充淘宝、京东等网络购物平台的客服，拨打电话或者发送短信，谎称购买的物品缺货需要退款，或者称已经购买的物品不符合质检要求，需要客户自行销毁商品后给予一定的金额补偿，引诱购买者提供银行卡号，并通过特殊的设备端发送短信验证码，获取购买者银行卡密码，最后转走卡里的钱。

【接到退款电话怎么办】遇到网购退款退货，应先联系平台商家咨询具体情况，正规的退款款项会由支付渠道原路退回，不需要买家去支付宝进行任何操作，更不需要开通其他金融产品来进行所谓的"退款"验证。如果发现被骗，请及时报警，以免造成更大的损失。

（四）低价兜售产品

不法分子会通过咸鱼、小红书等网站发布二手物品、海关没收物品低价转让的信息，很多人会图便宜而与其联系，进而不法分子以缴纳定金、交易税收手续费等理由骗取钱财。

【网络诈骗的量刑标准】诈骗公私财物数额较大的，处三年以下有期徒刑、拘役或者管制，并处或者单处罚金；数额巨大或者有其他严重情节的，处三年以上十年以下有期徒刑，并处罚金；数额特别巨大或者有其他特别严重情节的，处十年以上有期徒刑或者无期徒刑，并处罚金或者没收财产。

（五）虚假链接诈骗

不法分子通过建立伪基站的方式窃取用户的账号、密码等隐私信息。伪基站是不法分子通过技术手段创建的网站，伪基站终端会发送网银升级、淘宝优惠券赠送等虚假链接，一旦点击登录伪基站，不法分子便会在登录手机上植入木马病毒等，用于获取个人手机号、身份证号码、银行卡号、密码等信息，从而进一步实施犯罪行为。

【钓鱼网站】钓鱼网站是网页仿冒的一种常见形式，常以垃圾邮件、即时聊天、手机短信或网页虚假广告等方式传播，人们访问钓鱼网站后可能泄露账号、密码等个人隐私信息。识别和防范虚假钓鱼网站有五种方法：检查该网站有没有公布详细的经营地址和电话号码；检查公司所在地与注册地址是否相同；检查网站是否提供用实名登记的联系方式；检查版权所在地址与固定电话所在地址是否一致；检查网站提供的商品的价格是否是超低价格。

三、大学生电子商务诈骗防范方法

无论电子商务诈骗是哪种类型，骗子最终的核心都是一个"骗"字，大学生在利用好网络这个工具的同时，要增强反诈防骗意识，始终牢记"天下没有免费的午餐"。

（1）提高警惕。不轻易透露个人信息给他人，转账时需小心谨慎，保持冷静，购物交易时应选择具有第三方支付手段的平台进行交易，如支付宝、财付通等。

（2）保护财产。选择具有消费者保障制度的交易平台，如具有 7 天无理由退换、正品保证、30 天免费维修、假一赔三等消费者保障制度的电子商务交易平台。

（3）拒绝诱惑。选择店铺的产品质量、货源和售后服务具有品牌厂家认证的网店，如各品牌厂家开设的直销网站，不要被低价诱惑。

（4）增强法律意识。多学习预防网络诈骗的法治宣传知识，遇到疑似诈骗情况要咨询有关专业人员，例如向经营者索要购物凭证或者服务单据，为解决网上购物纠纷提供依据。

（5）辨别真伪。利用发达的网络查询对方提供的信息是否真实，学会辨别真伪。

（6）及时报警。一旦不幸成了诈骗的受害者，要及时报警，以减少自身的损失。

【电子商务诈骗防范口诀】

陌生电话要警惕，可疑短信需注意；

中奖退税送便宜，哄你汇钱是目的；

暴利理财和投资，多是骗局莫搭理；

刷卡消费欠话费，细分真伪辨猫腻；

任凭骗术千万变，我自心中有主意；

不理不信不汇款，小心谨慎防万一。

【防骗能力小测试】

1. 小智下班后收到"班长"微信，称班级需要交纳班费购买物品，需要将钱打到一个银行账号上，此时小智应该（　　　）。

A. 立即给"班长"汇款

B. 挂掉电话，立即与班长联系，核实此事。

反诈提醒：犯罪分子会通过自己的不法手段获得相关人员的信息，假冒领导、老师、家长、同学等要求汇款。

2. 小孙收到陌生短信称由于他经常逛某短视频平台，邀请他给商家指定的用户作品刷单，帮作品上热门涨粉点赞，"时间自由，单量不限，多劳多得工资日结"，并要求他添加 QQ 群，进群直接接单，此时他应该（　　　）。

A. 问问对方能不能把自己的账号刷成网红

B. 删除短信，将此陌生号码拉黑

反诈提醒：骗子往往以兼职刷单名义，先以小额返利为诱饵，诱骗你投入大量资金后，再把你拉黑。切记所有刷单都是诈骗，千万不要被蝇头小利迷惑，千万不要交纳任何保证金和押金，更不要扩散此类诈骗信息。

3. 学生小郑接到电话，称其在网上购买的连衣裙有质量问题要给其退款。小郑加了对方 QQ 后，对方发来一条链接，点开后页面显示为退款中心，需要填写身份证号、银行卡号、预留手机号等信息。此时小郑应该（　　　）。

A. 立即告知对方验证码

B. 立即挂断电话拉黑对方，并拨打 110 报警

反诈提醒：当有声称是网络卖家或者客服主动联系为你办理退款退货时，一定要小心！请登录正规官方购物网站办理退货退款，切勿轻信他人提供的网址、链接。

4. 小莉收到了一条落款是疾控中心的"疫苗预约"短信，信息中称有少量"九价疫苗"现货可以预约接种，还提供了一个网站的链接，点击后输入个人信息（身份证、银行卡号、手机验证码）就算预约成功了。此时小莉应该（　　）。

A. 赶紧预约，并转发至闺蜜群，大家一起去打疫苗

B. 不轻信，天上不会掉馅饼

反诈提醒：疫苗接种一定要到正规的社区医院或接种点，网上预约也要通过正规的平台或官方网址。不要相信陌生人的来电或者信息。

5. 手机来电号码96110时，你应该（　　）。

A. 最近骗子太多，赶紧挂掉

B. 立即接听

反诈提醒：放心接听，96110是反电信网络诈骗专用号码，已经做了技术处理，不用担心被骗子篡改。该号码专门用于对群众的预警劝阻和防范宣传等工作。如果96110来电，可能是警方研判到你可能接听过诈骗电话或者接触过诈骗网站，来进行预警提醒的。

6. 下列哪个行为，预示你可能要陷入诈骗（　　）（多选）。

A. 对方要求你交纳某笔保障金才能提现

B. 对方要求你下载某会议软件并使用屏幕共享功能

C. 对方要求你点击指定的链接并在页面中填写证件号、银行卡号、密码等信息

D. 对方在你的生日当天主动给你转账520元

反诈提醒：前三项都是电信诈骗的常见形式。

7. 假如你在某宝上买了件物品，但是下午收到客服的消息，说他们的宝贝价标高了，接着发给你一个链接，说是改价后的商品，让你重新拍下，旧交易将自动关闭，你会怎么做（　　）。

A. 直接点开链接，重新拍下

B. 又便宜了，立马拍上

C. 重新检查拍下物品的状态，检验物品是否降价

反诈提醒：警惕"天上掉馅饼"，对于陌生链接不要轻易点击，请到官方平台核实更改。

8. 某日，小张在QQ聊天时，同学小刘发来视频通话请求。两人聊了会儿天后，小刘称近期手头紧想借2 000元，身上没有银行卡，让其把钱转到朋友账号上。因两人关系不错，小张赶紧把钱转到指定账户，随后发现小刘QQ号被盗，对方是骗子，自己受骗了。对于此种冒充QQ好友的诈骗手段，以下识别方法错误的是（　　）。

A. 让对方做个表情变化或动作以求证

B. 直接转账

C. 直接打电话联系对方求证

反诈提醒：QQ视频可以复制，与QQ好友视频聊天中涉及借款、汇钱问题时，如

果视频内容是重复的画面，很可能就是诈骗。

扫描二维码查答案。

大学生网络
素养教育

第四章
大学生网络心理素养教育

在风起云涌、日新月异的科技革命时代，互联网已经深刻地改变了并将继续改变着整个世界。网络世界虽然具有一定的虚拟性，但随着互联网的不断发展，其现实性特征也表现得越来越明显，它承载的巨大信息量正对人们的日常生活生产和身心健康产生越来越大的影响。一直走在信息技术应用前沿的青少年，接受着互联网的滋养，其心理与行为受到的影响更为明显。

第一节 认识网络心理

一、网络心理的概念

网络时代是真实世界和虚拟世界交融的时代，网络既是一种客观物质现实，也是信息传播的载体。人的心理是人脑对外界客观现实的能动反映，随着个体的现实生活与网络世界的互动日趋频繁，个体对客观世界的认识也会逐步发生改变，网络心理便应运而生。网络心理指人在使用网络过程中的心理与行为规律，包括人与网络的互动关系，是人在虚拟网络中的心理过程及其由此而形成的个性心理特征的总和[1]。

二、网络心理的特性

网络是现实空间的延伸，会使身处其中的人们产生一些特殊的心理特性。

（一）玩味性与真实性

所谓玩味性和真实性并存是指当前网络受众对待网络存在着娱乐和真实并存的态度，他们一方面由于网络的虚拟性，把网络当作一种随意消遣娱乐的工具，另一方面又因为当前网络发展越来越多地改变着人们的现实生活，甚至成为现实生活的一部分，

---

[1] 颜卫东. 大学生网络心理问题及教育对策研究［D］. 青岛：中国海洋大学，2014.

因此无意识地认可网络中的信息，接受网络带来的虚拟生活①。

（二）自主性与从众性

在网络中，一部分人会表现出与现实生活中完全不同的状态，他们积极地表达自我，激烈地与持不同观点的人进行辩论，甚至不惜曝光自己的私密生活，在网络世界自由发挥。但网络也是一个很大的交往世界，在不清楚事情始末的情况下，人们也很容易受到别人的鼓动，对网络中传播的各种信息和观点表现出盲目的从众行为，甚至不惜否定自我。

【社会认同与从众】社会认同指当人们不知道怎样做才正确时，经常依靠其他人的行为来决定自己应该怎么做，人们会乐于参照别人的意见，根据别人的意见行事。从众是社会认同的一种表现，指个人的观念与行为由于群体直接或隐含的引导或压力向与多数人相一致的方向变化的现象②。

（三）平等性与塑造性

网络世界中的每个人都有相同的发声机会，可以在法律允许的范围内表达自己的观点，在网络中的沟通交流趋于平等。现实中每个人的身份是相对稳定甚至刻板的，但在网络世界人们可以自主呈现自己希望的形象，可以是自我认同的某些部分，也可以是构建假想的自我意识，因此有些人会在网络社会中呈现与现实社会中不一致的言行、不同的人格。

三、网络心理健康标准

网络心理健康标准是对个体在虚拟的网络环境中或网络环境作用下的心理状态进行评价的准则，它虽然建立在网络环境这种虚拟的社会情景基础上，但评价的仍然是现实环境中活生生的个体③。

（一）拥有正确的观念与意识

判断一个人心理健康的关键是其在正常智力条件下具有符合客观事实的认知，主要包括以下五个方面：

（1）对网络的积极影响与消极影响有正确的认知；

（2）能够对自己上网的时间进行合理安排，养成良好健康的网络使用习惯，有明确的网络使用目的；

（3）对于网络中大量的信息能够正确甄别，并能够妥善处理网络与现实之间的关系；

（4）有良好的自控力，能够辨识各种心理健康障碍；

（5）在网络使用过程中会遵守规范的道德标准。

【自我】人本主义心理学家罗杰斯提出，每个人都有两个自我：现实自我与理想自

---

① 彭玉蓉. "微时代" 大学生网络心理问题及对策研究 [D]. 天津：天津工业大学，2017.
② 金盛华. 社会心理学 [M]. 北京：高等教育出版社，2005.
③ 莫莉秋. 网络环境下大学生心理健康以及教育对策的研究 [D]. 西宁：青海师范大学，2018.

我。现实自我是个人在现实生活中获得的真实感觉，即"我实际上是个怎样的人"；理想自我是他人为我设定的或我为自己设定的自我概念，即"我希望自己成为怎样的人，我应该成为怎样的人"。从理论上讲，当两者相一致时，个体就达到了心理和谐；而两者不一致时，会引发心理冲突。

（二）保持网络与现实两种环境下的人格统一

人格是具有一定倾向性、能够代表个体的心理特征的集合，包括个体的能力、气质、性格、理想、价值观等多重因素。网络的虚拟性、想象性与身份的可塑造性等使个体能够随意以任何角色在网络中交往、发表言论，这些网络角色之间、网络与现实角色之间有时可能是和谐统一的，有时可能有着明显的区别，甚至可能是严重对立的，这可能会使人产生严重的心理障碍。

（三）在网络与现实环境中均有着良好的情绪体验

良好的情绪体验能够让个体心情愉悦，乐观、平静，能更好地学习、生活。然而由于网络道德监管的不完善，网络极易成为部分个体不良情绪宣泄的工具，个体在其中久而久之就丧失了原有的情绪调节能力，出现心理障碍。

【情绪体验】情绪体验指在某事件情境下产生的具有一定持续性的情绪。按其发生的强度、持续性和紧张度划分为情调、心境、激情、应激和情操①。

（1）情调：伴随感知而产生的一种弱而短暂的情绪状态，如颜色、声音、温度、气味对情调产生的作用，其表现具有情境性，受先天和后天两方面作用。

（2）心境：一种微弱、平静、持久、具有渲染性的情绪状态，如"人逢喜事精神爽"，人的心境与生活事件及生物节律有密切关系，持续时间与个性有关。

（3）激情：一种短暂的、强烈的、爆发式的情绪状态，通常由对个人有重大意义的事件引起（如重大成功后的狂喜、亲人过世的极度悲伤等）。激情常伴有明显的生理反应及外部表情，并可能出现"意识狭窄"现象（如失去理智），有积极和消极之分。

（4）应激：一种出乎意料的紧迫情况所引起的急速且高度紧张的情绪状态及应激性反应，其生理变化明显，涉及动员、阻挠、衰弱三阶段，如果不能成功则可能导致疾病，如重大灾害后产生的创伤后应激障碍（PTSD）。

（5）情操：人所特有的社会性情感，表现为对具有一定文化价值的东西（如道德、知识、艺术等）所怀有的带有理性的深层情感。它由后天形成，具有社会制约性，是构成个体价值观和品行的重要因素，包括道德感、理智感和美感。

（四）意志健全

意志健全是指能够正确辨识网络与现实之间的关系，能够抵御网络中各种具有诱惑力的不健康信息，能勇敢面对来自网络的负面攻击；在现实生活中受挫后能够选择正确的压力缓解方式，而不是单纯依赖网络宣泄情绪和压力。

（五）能保持良好的人际关系

保持良好的人际关系指既能在虚拟的网络环境中与他人保持良好的人际关系，还

---

① 黄希庭，郑涌. 心理学导论［M］. 北京：人民教育出版社，2001.

能在现实环境中与他人保持良好的人际关系，不会因网络的影响而造成人际交往能力下降。

（六）脱离网络环境不会出现身心不适

个体即使在长期使用网络的情况下，也不会对网络产生明显的依赖感；且在脱离网络环境如不能上网浏览视频、阅读网络信息等情况下，也不会出现焦虑、孤独、难过等身心不适。

第二节　常见的大学生网络心理问题

一、人格缺陷

人格缺陷指人格的某些特征相对于正常而言的一种边缘状态或亚健康状态，是介于人格健全与人格障碍之间的一种人格状态，也可以说是一种人格发展的不良倾向，或是说某种轻度的人格障碍①。大学生处于人格未定型阶段，网络环境持续的负面影响很容易导致大学生出现人格缺陷。大学生常见的人格缺陷有如下类型：

（1）偏执型人格缺陷：极度敏感，对侮辱和伤害耿耿于怀，思想和行为比较固执死板，爱嫉妒、自卑、主观片面、情绪容易波动。

（2）分裂型人格缺陷：缺乏温情和表达细腻情感的能力，难以与人建立深刻的情感联系，对别人的意见漠不关心，面对现实环境会沉默、胆怯。

（3）情感型人格缺陷：因长期受网络的影响而产生持续性的情绪抑郁或情绪高涨，或者行为做作、过分表露情绪，希望引起他人注意。

（4）攻击型人格缺陷：主要表现为情绪高度不稳定和冲动行为，自控力差，易被挑唆怂恿。

（5）反社会型人格缺陷：行事冲动、不计后果，好斗易怒，缺乏自责，当自己给他人造成危害时，表现出漠不关心或认为是合理的，缺乏内疚感。

（6）回避型人格缺陷：行为退缩、心理自卑，对挑战和社交多采取回避或无力应对的态度，不会与别人保持很密切的关系，以避免陷入痛苦、批评或被嘲笑。

（7）边缘型人格缺陷：人际关系既热切又不稳定；行为冲突，具有毁灭特性，常常不是把别人理想化，就是诋毁别人；情绪极度不稳定，频繁表现出自杀的倾向，或威胁他人，或自残。

【概念区分】

人格障碍是没有精神症状的适应缺陷，是在没有认知过程障碍或没有智力障碍的情况下出现的情绪反应、动机和行为活动的异常。

---

① Jicaspillalen. 360 百科［DB/OL］.（2021 - 08 - 08）［2023 - 12 - 05］. https://baike. so. com/doc/6848371 - 7065797. html.

人格改变是获得性的，通常出现在成年期并有特定的前因，如严重或持久的应激、极度的环境剥夺、患有精神病或神经病等疾病，受过脑外伤等。

精神病患者一般过着严重失调的生活，患者往往失去方向感和时间感，和现实的接触严重松脱，这种精神病显现于妄想和幻觉①。

二、网络成瘾

世界卫生组织将网络成瘾定义为过度使用网络所导致的一种慢性或周期性的着迷状态，认为网络成瘾会使人产生难以抗拒的再度使用网络的欲望，而且成瘾者会产生想要增加网络使用时间、耐受性提高、出现戒断反应等现象，对于上网所带来的快感会一直存在心理与生理上的依赖。常见的网络成瘾有以下五种类型②。

（1）网络游戏成瘾：沉溺于网络游戏而无法自拔。我国网络成瘾问题主要集中在网络游戏上，其所占比例在不同报道里虽有所差异，但均超过了其他各种问题的总和。

（2）网络色情成瘾：对成人聊天室和网上色情信息成瘾，如过度使用成人网站以获取网上色情作品等。

（3）网络关系成瘾：过度卷入网络人际关系，如与网络上多人"结婚"，而不在现实生活中寻找配偶。

（4）网络信息成瘾：强迫性地在网上冲浪或搜索资料等，但获取的信息对自身的学习、生活意义不大。

（5）其他网络成瘾行为：网上赌博、过度的网上购物或网上交易活动等。

【网络成瘾的诊断标准】我国于2008年11月公布了《网络成瘾临床诊断标准》，是世界上第一个出台网络成瘾诊断标准的国家，并将网络成瘾列为一种精神行为障碍。具体诊断标准如下：

（1）症状标准：长期反复使用网络，使用网络的目的不是学习和工作。符合如下症状：

①对网络的使用有强烈的渴望或冲动感。

②减少或停止上网时会出现周身不适、烦躁、易激惹、注意力不集中、睡眠障碍等戒断反应，上述戒断反应可通过使用其他类似的电子媒介（如电视、掌上游戏机等）来缓解。

下述5条至少符合1条：

①为体验满足感而不断增加使用网络的时间和加大投入的程度。

②使用网络的开始、结束及持续时间难以控制，经多次努力后均未成功。

③固执地使用网络而不顾其明显的危害性后果。

④因使用网络而减少或放弃其他兴趣爱好、娱乐或社交活动。

⑤将使用网络作为一种逃避问题或缓解不良情绪的途径。

---

① 王玲. 变态心理学 ［M］. 广州：广东高等教育出版社，2005.

② 王芳. "网"事知多少：网络心理与成瘾分析 ［M］. 上海：复旦大学出版社，2011.

（2）严重程度标准：日常生活和社会功能受损（如社交、学习或工作能力方面）。

（3）病程标准：平均每日连续使用网络时间达到或超过 6 小时，且符合症状标准已达到或超过 3 个月。

三、情感障碍

随着大学生自我意识的不断发展和心理需求的不断增加，他们的情绪日益丰富，情感体验更加强烈，性格上又有较强的敏感性和理想性，经常会出现不现实的情绪情感体验。网络生活的随心所欲与现实生活中种种制约的对比，容易让大学生产生情感体验的冲突与矛盾，进而产生情感障碍，常见的有网络孤独症、网络焦虑症和情感冷漠症。

（一）网络孤独症

利用网络社交消除心理孤独感本是大学生利用网络社交的初衷之一，但网络中的交往形成迅速，解除也更快，个体不断处于"网络漂泊"状态，往往更加空虚寂寞，易产生无助感，长此以往，则不愿与人交际，甚至出现抑郁、自闭等。

（二）网络焦虑症

受到网络自身特点的影响，人们在网络中很难准确表达自己的情感，缺少良好的情感交流，加上网络中接踵而至的各类文字、图片和影像的刺激，大学生在心理上容易处于紧张状态，产生焦虑情绪，而焦虑又会进一步增加压力体验，产生恶性循环，进而导致网络焦虑症。

（三）情感冷漠症

网络带来的孤独与紧张，易导致大学生离开网络后对外界环境刺激不愿做出反应，对外界事物失去兴趣，对同学朋友冷淡，缺少相应的情感反应，表情呆滞，反应迟钝，严重时会对周围世界漠不关心。

【越社交，越孤单】"加个微信吧！"这是当下最主流的网络社交手段。网络社交的势力范围越发广泛，从表面看，网络社交扩大了交际圈，减少了人们的孤独感，但事实上，网络上的声音越是聒噪，人们反而越容易孤独。英国伦敦大学的一项调查结果显示，在社交网络伴随下成长的年轻一代虽不乏网络社交达人，但他们中不少人在现实生活中感到孤独，不爱出家门，缺乏社交能力，有的甚至不敢接电话或应门。

四、偏差行为

偏差行为，也称为越轨行为、异常行为或偏离行为。心理学角度定义的偏差行为主要指的是消极行为、反常行为，是指由个体的遗传因素和心理状态引起的违反规范的行为，这种行为是对规范行为和规范状态的偏离，是适应不良的表现。网络偏差行为是偏差行为的一种表现形式，是个体不能适应正常的互联网生活而产生的、有违甚至破坏大众期望的行为，其衡量标准就是通过把这种行为结果和与之类似的现实偏差行为进行对比①。典型的网络偏差行为有以下五类：

（一）网络过激行为

网络过激行为是最受关注的网络偏差行为，有学者认为网络过激行为是指由网络去抑制效应②引起的，带有敌意的，使用亵渎、淫秽或侮辱性词语伤害某人或某个团体的行为。也有学者认为，网络过激行为是一种网上人与人之间或团体之间的，以书写语言为形式的，用来激怒、侮辱或伤害他人的行为，与网络骚扰、网络暴力的概念相近。

【案例】一位年轻的都市白领由于在公交车上没有给老人让座，被网友录下视频传到网上，种种愤怒攻击和指责一瞬间大量产生，网友们对她进行人肉搜索，媒体也进行大肆渲染，站在道德的制高点批判她。网友们仅凭自己看到的短短几分钟的视频就肆无忌惮地恶言相向，殊不知这位白领没有让座的原因是她当天被检查出癌症晚期而万念俱灰。不明真相的网友不由当事人辩解就对她进行无情的网络暴力，以致最后白领不堪重负，结束了自己的生命以平息这场网络暴力的风波。

（二）网络欺骗行为

欺骗是网络和现实生活中都存在的一种活动，网络欺骗是网上偏差行为的一种重要表现形式。有的欺骗是完全的欺骗，给他人造成错误的印象，把自己隐藏在"面具"背后（如改变自己的性别）；还有的欺骗是利用高超的技术对自己网络上的身份进行伪装或改变。

【你的语言出卖了你】心理学研究发现，讲真话的实验参与者习惯使用的文字更为完整、直接、清晰、中肯和个性化，这一特点可用于判断文字聊天内容的真假。如在互联网上看到闪烁其词的回复时，可以考虑辨别其真伪。再者，说话的语言风格也可能暴露性别，男性说话时往往使用与事实相关的语言，女性更多地使用与情感相关的语言。

（三）网络色情活动

互联网上的色情内容有很多种形式，包括色情图片、色情动画短片、色情电影、色情有声故事、色情文本故事等，有些甚至免费提供，这使得网络色情活动更加容易发生。有些大学生不仅自己参与，还利用网络传播色情信息，造成不良的社会影响。

（四）网络侵犯行为

网络侵犯行为主要表现为利用计算机技术侵犯其他用户的私人空间，利用互联网制作、复制和传播有害信息，进行网络诈骗和窃密等技术性破坏行为，如利用网络进行虚假营销，误导客户，利用网络散布反动言论，危害国家安全，造成意识形态问题。

（五）视觉冒犯行为

视觉冒犯多发生在聊天室、论坛、微博等网络空间，一般表现为通过灌水和刷屏

① 雷雳.青少年网络心理解析［M］.北京：开明出版社，2012.
② 网络去抑制效应：人们在网络上交流时特有的现象，不同于人们在现实生活中面对面的交流，人们在网络中感到自由，变得肆无忌惮，并且更倾向于无视各种社会约束或社交禁忌。

的方式让人产生视觉不良反应，严重的甚至加入网络水军犯罪团体，破坏网络信息安全和网络秩序。

五、手机精神综合征

虽然目前手机精神综合征在临床上还未被定义为确定的疾病，但随着大学生使用手机的普遍性和手机网络环境的便利性提升，已成为常见的网络心理问题，影响着大学生的成长。手机精神综合征指由于长期上网，使用者对手机产生一定的依赖，一旦不能上网，便会出现各种情绪、生理症状，从而影响到正常的学习及生活。如有人听到手机铃声就烦躁不安，充满紧张感，产生幻听，离开手机又坐立难安；有人性格孤僻自卑，希望通过手机联络来减轻自己的孤独感，一旦失去这种联系便容易心理不适。另外由于长期上网，颈椎、手指关节过度使用，身体会出现相应功能性障碍，进而产生心理问题。

【小测试：你与网络的关系】测试结果没有对错之分，一定要客观真实地根据自己的情况来评价描述内容与自己的符合程度：1——完全不符合，2——有一点儿符合，3——基本符合，4——大部分符合，5——完全符合。将每题相应的分数记录下来，最后所有题目的分数相加除以题目数38，得到最终分数①。

1. 一旦上网，我就不会再去想其他事情了。

2. 上网对我的身体健康造成了负面影响。

3. 上网时，我几乎是全身心地投入其中，常常忽略了周围发生的事。

4. 不能上网时，我十分想知道网上正在发生什么事情。

5. 为了上网，我有时候会逃课。

6. 为了能够持续上网，我宁可强忍住大小便。

7. 因为上网，我的学习遇到了麻烦。

8. 上学期以来，我每周上网的时间比以前增加了许多。

9. 因为上网的关系，我和朋友的交流减少了。

10. 比起以前，我必须花更多的时间上网才能感到满足。

11. 因为上网的关系，我和家人的交流减少了。

12. 在网上与他人交流，我更有安全感。

13. 如果一段时间不能上网，我满脑子都是有关网络的内容。

14. 在网上与他人交流时，我感觉更自信。

15. 如果不能上网，我会很想念上网的时刻。

16. 在网上与他人交流时，我感觉更舒适。

17. 当我遇到烦心事时，上网可以使我的心情愉快一些。

18. 在网上我能得到更多的尊重。

---

① 高雪梅，刘芙蕖. 互联网心理学［M］. 重庆：西南师范大学出版社，2020.

19. 如果不能上网，我会感到很失落。

20. 当我情绪低落时，上网可以让我感觉好一点儿。

21. 如果不能上网，我的心情会十分不好。

22. 当我上网时，我几乎忘记了其他所有事情。

23. 当我不开心时，上网可以让我开心起来。

24. 当我感到孤独时，上网可以减轻甚至消除我的孤独感。

25. 网上的朋友对我更好一些。

26. 网络可以让我从不愉快的情绪中摆脱出来。

27. 网络断线时，我会觉得自己坐立难安。

28. 我不能控制自己上网的冲动。

29. 我发现自己上网的时间越来越长。

30. 只要有一段时间没有上网，就会觉得心里不舒服。

31. 我曾因为上网而没有按时进食。

32. 只要有一段时间没有上网，我就会觉得自己好像错过了什么。

33. 只要有一段时间没有上网，我就会情绪低落。

34. 我曾不止一次因为上网的关系而睡眠不足 4 个小时。

35. 我曾向别人隐瞒过自己的上网时间。

36. 我曾因为熬夜上网而导致白天精神不济。

37. 我感觉在网上与他人交流要更安全一些。

38. 没有网络，我的生活就毫无乐趣可言。

结果分析：

1. 得分≤3分的同学：你和网络之间的关系是"君子之交"，知道合理使用网络，会适当借助网络的力量增长知识、开阔眼界，帮助自己学习、成长，从而成为更好的自己。

2. 得分在3~3.16分的同学：你和网络之间的关系是"情投意合"，要注意控制上网时间，养成健康的生活习惯，多看书、多运动，还可以和身边的同学朋友一起参加公益活动或者志愿者活动，丰富自己的生活。

3. 得分>3.16分的同学：你和网络之间的关系是"如胶似漆"。俗话说距离产生美，再深沉的爱也需要保持一定的距离才会有美感！多多与身边的同学交流，参加一些集体活动并在活动中认识一些新朋友，减少自己上网的时间，和网络保持一定的距离……如果觉得自己和网络的关系实在是难舍难分，记得向心理老师或心理医生寻求帮助哦！

第三节　大学生网络心理素养提升

互联网的快速发展，令现实生活与互联网结合得越发紧密，也使大学生对互联网的依赖越来越深，互联网已经成为大学生的日常必需品之一。任何事物都具有两面性，网络对人的影响也不例外，这也是时代发展、科技发展过程中难以避免的文化、心理问题。

一、网络环境对大学生心理的影响

（一）网络环境对大学生心理的积极影响

1. 丰富大学生的校园精神生活，彰显大学生的个性

网络提供了丰富的信息资源，具有影响面广、功能齐全、氛围轻松、包容性强等特点，使大学生的精神生活不再局限于书籍、报纸、电视及校园活动。大学生通过网络获取的知识越来越多，对自我意识和自我价值的认识有了不同的见解，变得越来越自信，表现欲也越来越强，使他们个性的展现拥有无限的可能。

2. 提升大学生信息和知识获取的便利度，激发他们的好奇心和探索欲

互联网本身就是一个信息网，作为网络原住民的大学生几乎被各种信息包围着，他们乐于通过网络进行学习和接受教育，能够主动在网络上寻找教育资源。大学生的求知欲和探索欲得以满足，又极大地增强了他们从网络上获取更多新事物、新知识的兴趣，使他们的视野不断拓宽，思维越发活跃。

3. 拓宽大学生的交际范围，有助于大学生建立良好的人际关系

在网络环境中，沟通的时效性、便利性和准确性较高，交流的各方地位平等，促使交流双方的关系更为民主、和谐与友好。同时网络具有匿名性和时间弹性的特性，大学生在网络交流中有思考的时间，可以在更为宽松的社交环境中展现自我、发挥个性，让自己的思想和情感突破时空的限制，社交障碍者也会因此增强交往的自信心，更容易自然地表达自我。

【亲社会行为】亲社会行为指一切符合社会期望而对他人、群体或社会有益的行为，主要以助人、捐赠、分享、谦让、合作等形式出现。网络亲社会行为以内心满足感为主导，具有变现形式更单一、参与个体更隐匿、出现次数更频繁和主动色彩更浓厚的特征。2018 年 1 月 5 日，一个女孩发了一条微博，字里行间透露出轻生的念头。这条微博牵动了网友们的心，大家纷纷留言，给她加油打气。机智的网友们变身名侦探柯南，通过女孩晒出的电影票根，推断出女孩在广州生活，纷纷开始联系广州的各大公安微博，希望警察能帮忙寻找失联的女孩。在网友们的共同努力下，警察迅速找到了失联的女孩，及时阻止了悲剧的发生。

4. 增加大学生倾诉的动力，为其提供不良情绪的宣泄渠道

网络的匿名特性使大学生的不良情绪得以及时释放，同时促进了网民之间的情感帮助和心理支持，也为网络援助机构的及时帮扶提供了新渠道。大学生可以在网络上找到能够互相理解的聊天对象，及时宣泄自己的郁闷、压抑与焦虑等情绪，并收获安慰、支持与指导。

5. 促进认知结构的不断同化，完善人格

人格是在不同的社会情境中与他人互动的产物，网络中的人际交往与互动即人们主动探索自我和构建自我的过程。网络有助于大学生不断建构认知世界，可以促进大学生人格的完善。

【网络人格】刷微博、逛网上商城、进行直播互动等网络行为正塑造着人们生活中的另一套行为守则，网络人格影响着大学生现实人格的延伸和同一性探索。

现实人格的延伸：在许多情况下，网络人格能够丰富真实的自我，成为现实人格的延伸。从积极的方面来看，同现实人格相比，网络人格更加勇敢、强悍和高效，也能够给人勇气，让行动更加容易。

同一性探索：同一性所关注的问题主要包括"我是谁""我在社会中处于怎样的位置"以及"我想成为怎样的人"，自我同一性的形成不仅关系到青少年的人格完善与社会适应，且会对其之后的心理发展产生深远影响。互联网犹如自我同一性实验室，在互联网上我们可以创造出许多身份，体现自己不同的价值观和性格特点，促进自我的人格发展。

（二）网络环境对大学生心理的消极影响

1. 网络环境对大学生认知的消极影响

在网络环境下，海量的信息与极为容易且广泛的信息获取途径，将会对那些自控能力差的大学生产生明显的消极影响，使其个人主义倾向明显，造成认知困境，如自我一致性的弱化，即不能将虚拟自我与现实自我相统一。此外，网络环境中对物质、金钱的低俗炒作易诱发享乐与功利主义，使个人功利主义膨胀，造成价值观的偏移。

2. 网络环境对大学生情感的消极影响

网络环境虽然丰富了大学生的视野，开发了大学生的思维，但不可避免会给大学生的情感带来各种考验。如大学生在宽松和自由的网络环境下容易丧失主动性与自觉性，而在现实环境中缺乏情绪准备，处处被动。大学生利用网络环境缺乏道德监管的漏洞发泄情感，也会破坏人与人之间的信任，使其自身情感受到伤害。大学生在网络环境难以获得真实的情感体验，也会使其情感变得越来越淡漠等。

3. 网络环境对大学生人格的消极影响

人格的形成离不开特定的社会环境，当个体所处的社会环境变化时，其人格的稳定性与系统性也会随之变化。网络环境中包含的不健康信息必然导致判断力较弱的大学生失去对周围现实环境的感受力和参与意识，造成其心理错位和行为失调，使其产生人格变异，严重的甚至会导致人格分裂。

4. 网络环境对大学生意志的消极影响

个人意志在心理健康中占据重要地位，有着坚强意志的人将很容易抵御外界环境对其心理的影响。网络环境的便利性与娱乐性容易分散大学生注意力，使其放弃原有的目标与理想，依赖网络环境的舒适性来维持心理平衡，从而使其意志力变得薄弱，抗挫折能力弱化，甚至对除了网络以外的任何活动缺乏动力。

5. 网络环境对大学生社交的消极影响

网络虚拟人际交往具有隐蔽性、可塑性、多中心性和去社会化的特征，大学生在虚拟世界中扮演不同的角色，很难对自己拥有完整而统一的认知，容易形成社会互动障碍，其情绪的社会化发展易受影响，从而不能开展社交活动。

【容器人效应】容器人效应指在现代大众传播环境尤其是以电视为主体的传播环境中，人们的内心世界犹如封闭的容器一样是孤立而封闭的。人们想与他人交流，打破这种状态，又不希望对方知晓自己的内心世界。也就是说保持一定的距离对现代人来说是人际交往的最佳选择。网络接触犹如容器外壁的碰撞，没有内心世界的沟通，刚好满足现代人的要求。

【低着头的世界】世界上最遥远的距离不是生与死，而是我坐在你们面前，你们都在玩手机。低头族指在公共场所以及私人空间里一直低头看屏幕的人，他们以年轻人为主。长时间低头很容易患上颈椎病，颈部弧度会变直，关节会滑脱和退化，如果演变成颈部肌腱炎，还会造成偏头痛。低头族们总是用一根手指频繁地打字或滑动屏幕，容易诱发手指肌腱炎、关节炎与扳机指等健康问题。同时，手机屏幕小，亮度高，长期近距离、高度集中地用眼，将造成严重的视疲劳，导致视力下降。这种损伤不同于近视，即使佩戴眼镜也无法纠正，会造成终生不可逆转的视力伤害。

二、大学生网络心理素养提升的路径

网络的飞速发展使人类的生活方式发生了深刻的变革，但是我们也必须清醒地认识到，网络作为一个自由、开放、平等的世界的同时，也是一个充满诱惑与陷阱的危险之地。大学生只有树立正确的网络观，才能正确地面对网络，合理地使用网络，准确地把握自我，认清自己的真实需要，处理好现实生活与网络生活之间的关系，避免网络心理问题的产生。

（一）树立良好的自我意识

1. 提升网络心理健康意识，准确识别网络心理问题

目前大学生对网络的认识主要集中在技术的掌握与运用、休闲娱乐、网络交往等方面，缺乏对网络造成的社会道德冲击、网络对人们生活方式的改变的深入思考，这就造成大学生网络心理问题的出现。要从根本上解决网络环境下大学生的心理问题，首先就要有保持网络心理健康的意识，要主动了解网络环境的冲击下可能会产生的各种心理问题，并正确认知和识别这些问题，防患于未然，从思想意识层面提高警惕。

2. 正确地认识自我，积极接纳自我，提高自我控制能力

网络的发展使大学生有更多的途径了解自我，但复杂虚拟的网络世界有许多冗余信息和错误观念，往往会使大学生难以正确认识自我，从而导致认知偏差，出现各种情绪、人格等问题。大学生要客观辩证分析现实与网络虚拟信息，加强自我反省，全方位、正确地认识自己；并在正确认识自我的基础上主动发扬自己的长处，正视自己的缺点与不足，树立自信，而非利用网络去逃避，或在网络中塑造一个全新的"虚拟我"；更要加强自我约束，自觉遵守网络文明公约，坚决抵制网络不文明行为。

（二）培养良好的情绪调节能力

1. 要学会觉察自身情绪

大学生要敏锐地察觉网络带给自己的情绪变化，并能在意识到自己的情绪变化后正确认识情绪，接纳自己的情绪并及时有效地进行调节与控制，这是形成健康网络心理的有力保障。

2. 要学会合理宣泄情绪

当在网络使用过程中产生冷漠、抑郁、焦虑、不良激情等消极情绪时，大学生应当及时合理地进行情绪宣泄或转移，避免因消极情绪堆积导致人格障碍等心理问题，如选择听音乐、运动、出门游玩、找亲朋好友倾诉等方式可以使情绪逐渐变得平稳，有助于解决网络心理问题。

3. 要学会调整情绪

网络信息的复杂多样容易导致大学生对人和事物的判断产生偏差，甚至做出冲动的决定和行为，造成难以挽回的损失。情绪往往不是由事物本身引起的，而是由个人看待事物的思维方式引起的。因此，在不利的环境中，不妨换一种思维方式去思考，尝试找出对自己有利的一面。

【情绪 ABC 理论】情绪 ABC 理论是由美国心理学家埃利斯提出的，A 指激发事件，B 指对激发事件的认知和评价，C 指激发事件引发的情绪和行为后果。情绪 ABC 理论认为人的消极情绪和行为障碍结果（C），不是由某一激发事件（A）直接引发的，而是由经受这一事件的个体对激发事件（A）不正确的认知和评价即所产生的不合理信念（B）直接引起的。不合理信念具有以下三个特征：

（1）绝对化要求：指人们以自己的意愿为出发点，对某一事物怀有认为其必定会发生或不会发生的信念，通常喜欢用"必须""应该"这类词表述事情，如"别人必须很好地对待我"。怀有这种信念的人极易陷入情绪困扰。

（2）过分概括化：这是一种以偏概全、以一概十的不合理思维方式。一方面，对自身进行不合理评价，以自己做的某一件事或某几件事的结果来评价自身价值，其结果常常会导致自责自罪、自卑自弃的心理及焦虑抑郁情绪。另一方面是对他人进行不合理评价，即别人稍有差错就认为他很坏、一无是处等，这会导致一味地责备他人，以致产生敌意和愤怒等情绪。

（3）糟糕至极：这是一种认为如果一件不好的事发生了，将是非常可怕、非常糟

糕甚至是一场灾难的想法。这将导致个体陷入极端不良的情绪体验如耻辱、自责自罪、焦虑、悲观、抑郁的恶性循环之中难以自拔。

（三）提升网络道德自觉意识

1. 增强网络道德意志品质

意志是有意识地支配、调节行动，通过克服困难，以实现预定目标的心理过程，是连接个体内在心理和外在行为的关键环节和重要纽带。大学生网络道德意志薄弱的表现之一是沉溺网络，用网时间长；另一个表现是随大流、盲目跟风，缺乏坚定信念。网络道德意志对大学生而言是抵御网络不良信息诱惑的能力，是面对纷繁复杂的网络信息坚守道德信念、遵从善恶标准、为自己树立起坚固的"网络防火墙"。

2. 树立正确的网络价值观

大学生在三观还没有完全成熟的时期已经身处网络社会，并对网络产生了一定的依赖。大学生应对网络保持良好的心态和正确的认知，形成正确、健全的网络价值观。首先，全面辩证地看待互联网技术，认识到互联网技术的两面性。其次，理智对待网络舆论，守住道德底线，坚定道德意志，杜绝非理性、情绪化的网络行为。最后，保持现实道德与网络道德"频率"的统一，网络道德只是现实道德的延伸和发展，道德伦理规范对网络世界同样具有适用性，要随时保持虚拟与现实的统一，将他人、网络和社会相融合①。

【网络群体性事件产生的心理因素】

（1）缺乏责任意识：在松散的网络世界，信息传播速度极快、受众面广、成本极低，信息庞杂，法律所能够限制的范围有限，网民在匿名性的保护下可以相对随意地敲击键盘，表达对事件的看法，发表不负责任的言论。

（2）补偿心理和罗宾汉效应：无论哪个时代，社会都会出现相对弱势和强势的群体。现实社会中弱势群体的存在感较弱、话语权较少，有强烈的被剥夺感。当出现弱势群体受欺负或强势群体实施类似于欺负、压榨等不适行为的网络事件时，往往会引发或增加弱势群体对社会不公平的愤怒情绪或心理不平衡，从而导致他们成为网络群体性事件中的抨击方。另外有一部分人，无论他们属于哪个群体，都更倾向于认同弱势一方的利益，并尽可能地为此伸张正义。当网民认为自己在参与的事件中是正义的一方时，他们会认为自己的行为是合法的，并增强对自己行为的肯定。

（3）受环境暗示：如果有人打破了窗户玻璃，而窗户又得不到及时的维修，别人就有可能去打破更多的窗户；久而久之，这些破窗户就给人造成一种无序的感觉。在这种公众麻木不仁的气氛中，犯罪就会不断滋生，这就是著名的破窗效应。这种效应是源于环境对人们的心理造成暗示性或诱导性影响。在网络群体性事件中，受到这种心理支配的网民本身对事件不带有任何情绪，只是受到环境的影响而参与其中。

---

① 钱婷婷，张艳萍. 大学生网络社交中的道德风险与应对：基于网络心理行为的研究［J］. 高校辅导员，2020，2（73）：73-74.

（四）善用网络心理健康咨询平台

网络信息的多样性、丰富性能让大学生及时了解网络心理和网络心理问题的相关知识，大学生可以在网络中有意识、有选择地浏览以心理健康教育和服务为主题的专题性网站，了解有关网络心理的知识，明确网络对心理产生的负面影响，树立正确的网络心理观念。同时网络的自主性、平等性、虚拟性等特性使网络心理咨询可以消除现实心理咨询的一些弊端，更快捷、更便利、更即时、更保密地解决大学生网络心理问题，进而降低网络心理问题发生的可能性。现实中不愿意面对面咨询心理问题或找不到线下咨询途径的大学生，可以选择在线心理网站、心理论坛寻求心理专家的帮助。

第五章 | 大学生网络信息素养教育

随着全球信息电子化、网络化的迅速发展，大学生在学习、求职、生活及其他活动中需要利用网络信息资源的概率和数量大大增加，网上资源也呈指数级增长。面对海量的资源，大学生需要甄别有效信息，树立科学、合理的网络信息资源使用观，提高获取有价值信息的能力，随时更新知识，才能适应现代社会发展的需要。

第一节 认识网络信息资源

目前关于信息资源的含义有很多种不同的解释，但归纳起来主要有两种。一是狭义的理解，认为信息资源就是指文献资源、数据资源及各种媒介和各种形式信息的集合，包括文字、影像、印刷品、电子信息、数据库等，这都限于信息本身。二是广义的理解，认为信息资源是信息活动中各种要素的总称，这既包含信息本身，也包含了信息相关的人员、设备、技术和资金等各种资源。

作为知识经济时代的产物，网络信息资源也称为虚拟信息资源，它是以数字化形式记录、以多媒体形式表达的，存储在网络计算机磁介质、光介质以及各类通信介质上，并通过计算机网络通信方式进行传递信息的内容集合。简言之，网络信息资源就是可以通过计算机网络利用的各种信息资源的总和。目前网络信息资源以互联网信息资源为主，同时也包括其他没有连入互联网的信息资源。

一、网络信息资源的特点

随着互联网发展进程的加快，信息资源网络化成为一大潮流。与传统的信息资源相比，网络信息资源在数量、结构、分布、传播范围、载体形态、内涵和传播手段等方面都显示出新的特点，这些新的特点赋予了网络信息资源新的内涵。

（一）信息量大，传播广泛

网络信息资源极为丰富，互联网已经成为继电视、广播和报纸之后的第四媒体，是信息资源存储和传播的主要媒介之一，也是集各种信息资源于一体的信息资源网。随着信息源的增多，信息发布越来越自由，网络信息量呈爆炸性增长，几乎只要是有移动网络设备的地方，就有信息的传播。

（二）信息层次多，品种多样

互联网上的信息资源层次众多，有一次信息、二次信息、多次信息。网络信息资源包罗万象，几乎覆盖各类学科、各个领域和各个地域。信息发布者既有政府部门、高等院校、科研院所、学术团体、行业协会，更有大量的公司企业和个人。

（三）自由发布，交流直接

除了以往在联机检索、图书馆工具书和检索刊物的基础上发展起来的数据库这类正式交流渠道发布的信息外，网络信息资源中更多的是非正式交流渠道发布的信息。网络提供了自由发表个人见解的广阔空间和获取非出版信息的丰富机会，包括那些正式出版物不能得到的信息，如非公开出版文献的信息、还未成熟的观点、个人研究心得、教学资料等。同时，互联网扩大了人际交流的空间，如新闻组、讨论组、邮件列表等，这些都为用户提供了更多直接交流的机会。

（四）传播速度快，变化频繁

在非网络媒介中，信息传播速度快且更新最快的莫过于报纸，但是报纸一经出版信息便无法更改。而在互联网上，信息的更新相当及时，不少新闻站点和商业站点的信息实时更新，信息更新速度十分迅速，能在瞬时实现交流与改变。

（五）检索方便，价廉实惠

网络信息资源使用超文本链接，构成了立体网状文献链，把不同国家和不同地区的服务器、网页、文献通过节点连接起来，增强了关联度，并通过各种专用检索系统使信息检索变得极为方便快捷。用户在更大的库存容量和更长的时间跨度内检索，检索出的信息更精准、更专业、更全面。直接检索没有中间环节，大大降低了数据获取成本。

（六）分散无序，缺乏管理

网络信息资源的分散表现为信息没有一个中心点，也没有全面的权限，甚至链接本身的意义也是模糊和多样的，通过一种文献能够链接到更多相关或相似的文献。这种前所未有的自由度使网络信息资源的共建和共享达到一种极致，也使信息资源处于无序状态，而且海量的信息和快捷的传播速度也加剧了网络信息的无序状态。另外许多信息资源缺乏加工和组织，仅仅在时间序列上进行堆积，缺乏系统性和组织性。信息发布具有随意性、高自由度、缺乏必要过滤和质量控制。此外，网络信息资源也缺乏统一的管理标准和管理机制。

二、网络信息资源的分类

（一）按信息形式分类

网络信息资源按信息形式可以分为文字类、图片类、视频类、声音类等信息资源。

这些信息形式可以单独存在，也可以通过多种方式组合来传递信息。

（二）按信息类型分类

网络信息资源按信息类型可以分为新闻类、文化类、经济类、科技类、娱乐类、教育类等信息资源。每一种信息类型都涵盖了相应领域的信息资源。

（三）按信息来源分类

网络信息资源按信息来源可以分为官方网站类、门户网站类、社交媒体类、在线论坛类、搜索引擎类等信息资源。来源不同信息的内容覆盖面、发布方式和信息质量等均不相同。

（四）按信息用途分类

网络信息资源由政府、教育机构、企业、协会等组织或个人生产和维护，以满足用户某种需求，有搜索引擎、网络百科全书、数字图书馆等产品。网络信息资源按照信息用途可以分为学习升学类、就业求职类、专业学术类和日常生活类等。

三、树立正确的网络信息资源观

在互联网盛行的时代，每天都会有大量不同类型的网络信息产生和传播，大学生应树立正确的网络信息资源观，正确获取与使用网络信息资源。

（一）合理使用网络信息资源

网络信息资源的多样性和复杂性，容易使大学生迷失方向，导致信息误导与过载等问题。大学生应该理论联系实际，结合自己的需求合理使用网络信息资源，避免不必要的时间和精力浪费。

（二）提升自身的信息素质

信息素质是个人能力发展的基础，它能够使人有效地搜寻、评价、使用和创建信息，以实现个人与社会目标。当代大学生应自觉提升自身的信息素质，具备获取、收集、评价、交流、加工信息等方面的能力。

（三）遵循良好的信息道德和规范

大学生应遵循良好的信息伦理与道德准则，从而规范自身的信息活动。比如尊重知识产权，不造假，不抄袭他人作品，培养信息良知，在信息活动中坚持公正、平等、真实原则。

（四）培养良好的信息判断能力

大学生在获取信息时应该保持独立思考和理性判断，要学会辨别信息的真伪，避免被虚假信息所欺骗，应该从多个角度、多个渠道获取信息，提高信息的可信度和准确性。同时，大学生要积极主动学习信息检索技能，学习更多知识，并且将其内化成自己的知识源，提高自身的信息判断能力。

第二节　常用的网络信息资源

网络信息资源在现代社会中起着重要的作用，本节将介绍学习升学类、就业求职类、专业学术类和日常生活类网络信息资源。

一、学习升学类网络信息资源

学习升学类网络信息资源主要面向求学者，求学者可利用该类网络资源查询资料。根据使用功能，该类网络信息资源可以分为求学深造类、在线课堂类、词典文库类等。

（一）求学深造类

多数求学深造类网络资源都是免费的，具有一定的公益性质。通过交互式沟通，求学者可以轻易获取需要的信息。这类信息可以帮助求学者了解最新教育动态和国家教育政策，在学业上更进一步。求学深造类网站一般是由国家或大学相关机构建设运营，如教育部网站、学信网、中国教育考试网等（见表 5-1）。

表 5-1　主要求学深造类网站及功能一览表

网站名称	网址	内容及功能
中华人民共和国教育部	http://www.moe.gov.cn	查询重要教育政策和统计数据，查询有关高等教育的法规、考试和公告等
中国高等教育学生信息网	https://www.chsi.com.cn/	查询和验证个人学籍信息，查询个人学历证书和学位证书信息，验证学历学位证书的真实性和有效性，查询和验证个人出国教育背景信息，管理和查询个人学信档案，提供报名和查询信息服务，提供就业和职业发展服务等
中国教育考试网	http://www.neea.edu.cn	传递各类招考信息，考试报名及档案管理，查询考试成绩，查询和管理各类证书档案等

（二）在线课堂类

在线课堂类网络信息资源（见表 5-2）面向任何需要进行在线学习的群体，求学者通过在线同步学习课程，可以更好地掌握所需知识。通过在线课堂可以选择自己感兴趣的课程进行学习，并与其他学习者共享交流，这种学习模式打破了时间和空间的限制，让学习更加灵活和便捷。根据是否盈利，在线课堂可分为收费课堂和免费课堂。

表 5-2　主要在线课堂类网站及功能一览表

网站名称	网址	内容及功能
爱课程网	http://www.icourses.cn	为全国高校提供在线开放课程的建设、管理和应用，主要面向在校生，可以免费使用，与课堂教学类似，有学习进度的要求，甚至可以申请结业认证
学堂在线	https://www.xuetangx.com	提供超过 2 300 门优质课程，覆盖 13 大学科门类，提供上课状态、学科分类、课程类型、学校等途径帮助筛选课程
超星尔雅	http://erya.mooc.chaoxing.com	拥有综合素养、通用能力、创新创业、成长基础、公共必修、个人发展六大门类课程，可在线注册进行课程学习，接收老师发布的任务、测验、作业及考试等
重庆高等教育智慧教育平台	https://www.cqooc.com	提供高职和本科两个类目，其中高职课程中心提供公共通识课、专业导论课、专业基础课、专业理论课、综合实训课等；本科课程中心提供公共通识课、专业导论课、专业基础课、专业理论课、实验实践课等
网易公开课	https://open.163.com	汇集清华、北大、哈佛、耶鲁等世界名校共上千门课程，覆盖科学、经济、人文、哲学等 22 个领域，其中部分课程配有中文字幕，用户可以免费观看这些课程

（三）词典文库类

词典和文库作为学习和研究的重要工具，通过网络资源的形式给人们提供了更方便快捷的获取途径。无论是学术上还是日常生活中的词汇和概念，这些资源都能为人们提供准确的解释和丰富的背景知识（见表 5-3）。

表 5-3　主要词典文库类网站及功能一览表

网站名称	网址	内容及功能
网易有道翻译	http://www.youdao.com	全能免费语言翻译服务平台，主要提供词典（查词）和翻译服务，翻译文本或文档，支持多种语言之间的翻译
百度翻译	https://fanyi.baidu.com	支持 200 多种语言之间的互译，具备网页直接翻译、上传文档翻译和图片翻译等功能，可实现 AI 同传，可实现翻译 API，为企业提供专业的翻译服务，包括文件翻译等
中国大百科全书数据库	http://bkzx.cn	系统地向世界介绍中国政治、经济、文化的发展成果，拥有 137 979 个条目、436 927 783 字、120 052 幅插图
术语在线	https://www.termonline.cn	拥有全国科技名词委发布的规范名词数据库、名词对照数据库以及工具书数据库等资源，提供术语检索、术语管理（纠错、征集、分享）、术语提取与标注、术语校对等服务

表5-3（续）

网站名称	网址	内容及功能
汉典	https://www.zdic.net	是由字、词、词组、成语及其他形式的中文语言文字组成的规模巨大的免费在线词典，主要介绍中国文化、历史和语言，为对中文学习、研究方面有兴趣的人提供服务

二、就业求职类网络信息资源

求职者需要良好的准备和计划才能实现求职目标。在信息化时代，求职者除了需要具备一定的专业技能外，还需要更好地利用信息技术才能更有效地实现自身的求职目标。就业求职类的网络信息资源能使求职者更有效地把握求职信息、节省时间和精力、提高求职效率，相关资源主要包括政策指导类、就业服务类和专业学术类三种。

（一）政策指导类

政策指导类网站主要提供国家、行业关于就业政策、行业动态等方面的政策和新闻动态。借助这类网站，求职者能随时了解市场需求和趋势，从而做出更明智的职业规划（见表5-4）。

表5-4　主要政策指导类网站及功能一览表

网站名称	网址	内容及功能
国家公务员局	http://www.scs.gov.cn	提供最新、最权威的公务员录用、考核、奖励等方面的法律政策，提供报考公告、指南、调剂公告等重要信息，提供考生报名入口、考生考务入口、成绩查询等服务
人力资源和社会保障部	http://www.mohrss.gov.cn	提供全面的社会保障政策信息，为公众提供便捷的查询服务，为政府部门提供及时准确的政策信息
军队人才网	http://81rc.81.cn/	是中国人民解放军宣传人才政策的阵地、服务人才队伍的窗口平台，有工作动态、政策解读、考试用书、有问必答、招生动态、招生计划、招生政策等内容

（二）就业服务类

就业服务类网络信息资源为求职者提供了海量的招聘信息和职业指导，求职者通过它们可以与企业有效沟通，实现双向选择，降低个人求职成本和企业招聘成本，提高求职效率与招聘效率（见表5-5）。

表5-5　主要就业服务类网站及功能一览表

网站名称	网址	内容及功能
中公教育	http://www.offcn.com	有国家公务员、各省公务员、事业单位、选调生、教师、三支一扶、国企招聘等主要内容

表5-5（续）

网站名称	网址	内容及功能
智联招聘	https://www.zhaopin.com	为求职者提供免费注册、求职指导、简历优化、职业测评等服务和最新的招聘信息，为用人单位提供网络招聘、校园招聘、猎头、培训、测评和人事外包等服务
前程无忧	https://www.51job.com	主要服务对象为积极进取的白领阶层和专业人士，提供包括招聘猎头、培训测评和人事外包在内的全方位专业人力资源服务

三、专业学术类网络信息资源

专业学术类的网络信息资源主要来自一些专业学术数据库网站。该类网站是专门收集和整理中文学术资源的网站，涵盖了众多领域的权威文献、期刊和论文，研究者和学术工作者可以及时了解相关领域的最新进展，有助于学术研究（见表5-6）。

表5-6　主要专业学术类网站及功能一览表

网站名称	网址	内容及功能
中国知网	https://www.cnki.net	有网络出版、论文数据、出版平台、文献数据、分类统计、知识检索、专业主题等板块，提供外文类、工业类、农业类、医药卫生类、经济类和教育类多种数据库查询，提供文献初级检索、高级检索和专业检索三种检索功能
万方数据知识服务平台	https://www.wanfangdata.com.cn/index.html	有期刊、学位、会议、专利、标准等十余种知识资源类型，覆盖自然科学、工程技术、医药卫生、农业科学等全学科领域，提供品质信息资源出版、增值服务
维普中文期刊	http://www.cqvip.com	有工程技术、农业、医药卫生、经济、教育和图书情报等学科的数万余种中文期刊数据资源，提供的服务主要包括期刊文献检索、期刊开放获取等
超星数字图书馆	http://book.chaoxing.com	覆盖哲学、宗教、社科总论、自然科学总论、计算机等各个学科门类，提供丰富的电子图书资源，包括文学、经济、计算机等五十余大类和数百万册电子图书

四、日常生活类网络信息资源

正确有效利用网络信息资源，已成为现代人必须掌握的生存技能。和我们衣食住行息息相关的网络信息资源主要来自常用搜索引擎、公开门户网站、医疗卫生服务网站、交通出行网站等。

（一）常用搜索引擎

互联网技术的发展和进步改变了用户获取信息的方式，搜索引擎逐渐向智能化发展，用户搜索的信息向视频化发展，搜索向社交化、服务化发展（见表5-7）。

表 5-7　常用搜索网站及功能一览表

网站名称	网址	内容及功能
百度	https://www.baidu.com	提供百度快照、官网认证、百度识图等搜索功能，拥有百度文库、百度百科、百度贴吧、百度地图等应用
必应	https://cn.bing.com	提供网页、图片、视频、词典、翻译、资讯、地图等全球信息搜索服务，提供深度融合、全球搜索、全球搜图、跨平台等服务

（二）公开门户网站

公开门户网站为人们提供各个领域的信息和服务，政府机构、企事业单位还有社会组织经常在其门户网站上发布有关政策、公告并提供其他资源等（见表5-8）。

表 5-8　常用公开门户网站及功能一览表

网站名称	网址	内容及功能
新浪	https://www.sina.com.cn	提供新闻、无线增值服务、博客、播客、邮箱、UC、爱问搜索、微博等服务
搜狐	https://www.sohu.com	提供新闻资讯、视频、游戏、邮箱等服务
网易	https://www.163.com	提供网络游戏、电子邮件、新闻、博客、搜索引擎、论坛、虚拟社区等服务
腾讯	https://www.qq.com	主要提供 IM 软件、网络游戏以及相关增值产品等

（三）医疗卫生服务网站

医疗卫生服务网站提供丰富的健康知识、医疗服务和健康管理工具，为患者提供更加便捷、实用的医疗服务。人们可以通过这些网站获取权威的医疗资讯、预约挂号、在线问诊等服务，方便快捷地解决身体健康相关问题（见表5-9）。

表 5-9　常用医疗卫生服务网站及功能一览表

网站名称	网址	内容及功能
国家卫生健康委员会	http://www.nhc.gov.cn	提供国家卫生健康委员会发布的公告通知、行业数据统计、科研成果等相关信息，推出各类健康专题，为用户提供更多有针对性的健康知识
中国疾病预防控制中心	http://www.chinacdc.cn	主要公布疾病预防控制、突发公共卫生事件应急处置等信息
重庆市卫生健康委员会	https://wsjkw.cq.gov.cn	提供市级公共卫生健康方面的政策规定、疫情动态、权威医疗机构等信息查询服务
重庆市医疗保障局公共服务平台	https://ggfwpz.ylbzj.cq.gov.cn	提供个人服务和单位服务，在此可办理医保查询、城乡居民参保登记、异地就医备案、医保关系转移、单位医保网上申报等服务

（四）交通出行网站

交通出行网站提供路线规划、交通工具预订、票务查询、实时交通状况等信息，方便人们能够更好地安排行程、规划路线，提高出行效率（见表5-10）。

表5-10　常用交通出行网站及功能一览表

网站名称	网址	内容及功能
中国民用航空局	http://www.caac.gov.cn	提供各类航旅资讯查询、国内国际航班查询、电子客票验真、航旅指南、网上值机、航空天气预报、办事指南、互动交流、无人机实名登记等服务
中国铁路12306	https://www.12306.cn	为社会和客户提供客货运输业务和公共信息查询服务，包括列车时刻表、票价等信息查询

第三节　网络信息资源的高效合理利用

一、常用的网络资源存储和整理软件

在当今信息爆炸的时代，人们需要管理大量的网络资源，如文章、图片、视频等。网络资源存储和整理软件的出现为我们提供了一个便捷的方式来存储和管理这些资源。

（一）印象笔记

印象笔记（https://www.yinxiang.com）源自2008年正式发布的多功能笔记类应用——Evernote，是目前国内最大的在线笔记服务商之一，支持无缝多终端同步（网页、Windows版、Mac版、iOS版、Android版、iPad版），可以快速保存微信、微博、网页等内容，一站式完成信息的收集、管理和利用，其Windows桌面端软件界面见图5-1。印象笔记的功能包含如下几个方面：

1. 一键存储网页和文章

印象笔记为浏览器（QQ浏览器、360浏览器、Edge浏览器、Chrome浏览器等）提供"印象笔记·剪藏"插件，可一键保存各类网页图文到印象笔记，并能随时随地查看和编辑。一键存储的具体步骤为：点击印象笔记主页>产品>"印象笔记·剪藏"，点击页面中的"免费安装"，按照提示进行操作即可（见图5-2）。

2. 扫描宝——数字化保存

扫描宝是印象笔记开发的手机App，可以清晰快捷地扫描纸张，再以PDF格式或图片格式存入手机。扫描文件无水印，同时支持OCR文字识别，并能无缝对接印象笔记，方便资料永久保存。

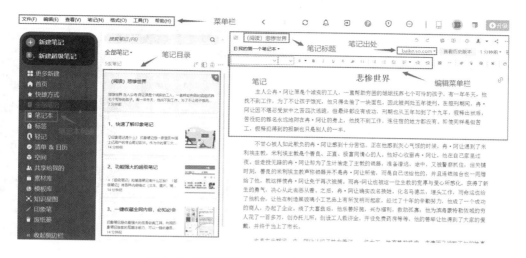

图 5-1　印象笔记 Windows 桌面端软件界面

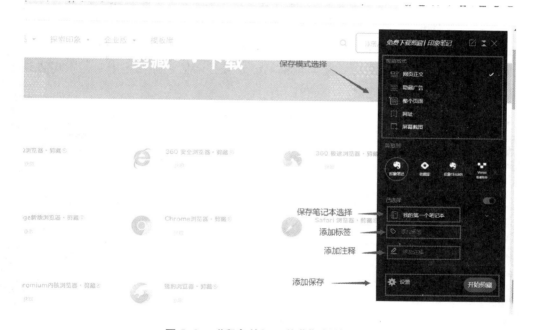

图 5-2　"印象笔记·剪藏"插件示例

3. 保存微信、微博、邮箱等信息到印象笔记

保存微信文章具体步骤为：①通过微信查找和关注公众号"我的印象笔记"；②按照提示绑定印象笔记账号；③打开要保存的文章，点击右上方的"…"，出现下方弹出界面后，点击"复制链接"；④将链接发送给"我的印象笔记公众号"，提示"保存成功!"，则这篇文章就保存至印象笔记了（见图 5-3）。

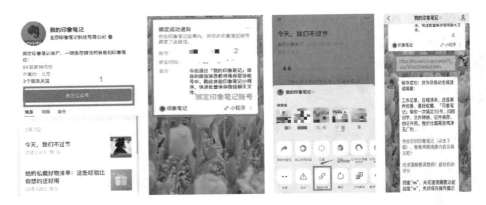

图 5-3　保存微信文章到印象笔记步骤图

4. 写笔记

写笔记是印象笔记最基本的功能，编辑界面见图 5-4：①笔记本功能，选择新建笔记的存放位置；②新建笔记功能（按键"Ctrl+N"）；③新建超级笔记功能，建立笔记；④笔记编辑器，包括标题栏、标签栏、编辑工具栏和内容区四个部分；⑤查看历史版本功能，可以进行查看和导出任意修改版本；⑥定时功能，可以设定再次查看笔记的提醒时间；⑦共享功能，可以从印象笔记账号、微信、邮件、手机号等多种途径分享给其他人查看和编辑笔记。

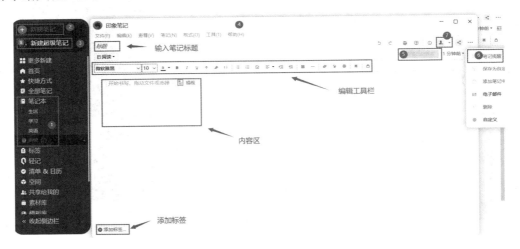

图 5-4　印象笔记编辑界面

（二）坚果云

坚果云（https://www.jianguoyun.com）创建于 2011 年，是一款专业的网盘产品，以为用户提供便捷、安全可靠的云存储为核心目标，提供数据分布式存储、多节点异地灾备、数据加密等技术的文件同步、共享、备份服务，拥有网页端以及 Windows 版、Mac 版、Linux 版、iOS 版、Android 版、iPad 版的软件客户端，为用户提供智能文件管理和高效办公解决方案。坚果云的详细功能如下：

1. 文件备份

在电脑中安装坚果云软件后，选择需要备份的文件夹或文件，操作步骤为：坚果云>同步该文件夹/文件（见图5-5）。

图5-5　坚果云文件备份操作界面

2. 协作办公

创建同步文件夹后选择共享功能，就可以与其他人一起编辑文件。操作步骤为：①创建同步文件夹；②文件夹上右击鼠标>设置共享权限>输入对方 E-mail>添加>修改权限；③对方打开 E-mail>接受邀请，则能看到同步文件夹（见图5-6）。

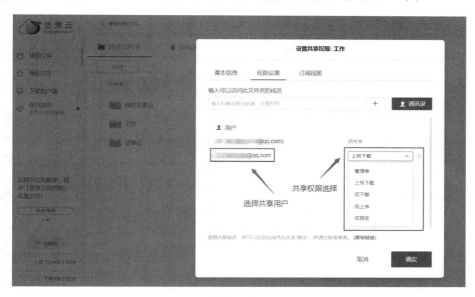

图5-6　坚果云协作办公操作界面

3. 在线办公

坚果云不仅具有文件存储和同步功能，还提供在线办公服务。点击"文件新建"后，可以建立 Word、PPT、Excel 文档，还可以在线建立思维导图、大纲笔记、绘图文件等，并且可以多人协作编写（见图 5-7）。

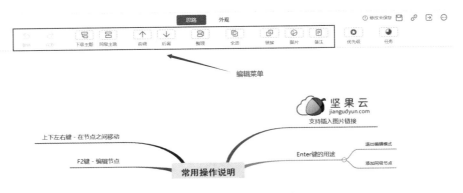

图 5-7　坚果云在线文档操作界面

4. 文件收集

假如你是一位学习委员，需要收集本班同学全部课程结课作业的电子文件，使用坚果云的云收件箱功能将会非常便捷。用户在对文件收集的标题、收集者、收集详情、文件统一命名规则和截止时间定义之后，点击"下一步"按钮即可发布文件收集链接（见图 5-8）。被收集者收到链接后，无须注册即可通过电脑或手机上传文件，而且系统会出具提交证明。坚果云收件箱将会对收集的文件按照命名规则自动进行重命名，而且会自动生成文件提交统计表。

图 5-8　坚果云收件箱的文件收集链接界面

（三）知网研学

知网研学（https://x.cnki.net）平台是集文献检索、阅读学习、笔记、摘录、笔记汇编以及学习成果创作、个人知识管理等功能于一体，面向个人"研究型学习"、重点支撑知识体系与创新能力构建的多设备同步的云服务平台，其主界面见图 5-9。知网研学的具体功能介绍如下：

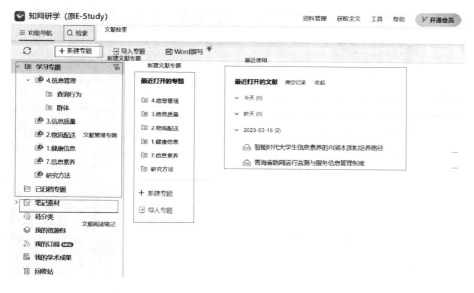

图 5-9　知网研学桌面端软件主界面

1. 文献检索

知网研学既支持已有学习主题的文献检索，又支持包括中国知网、IEEE Xplore、PubMed、ScienceDirect 等数据库的文献检索。知网研学中已有学习主题的文献检索，在选择"学习专题"、设定检索条件、输入检索词后，点击"检索"即可得到检索结果（见图 5-10）。

图 5-10　知网研学中已有学习主题的文献检索界面

图 5-11 展示的是研究主题为"大学生+信息管理"、发表时间范围为 2014 年至 2023 年的文献检索结果，检索结果数量为 86 条。可以利用主题排序、发表时间、被引次数和下载次数 4 个条件进行文献排序，也可以选择将文献导入学习专题。

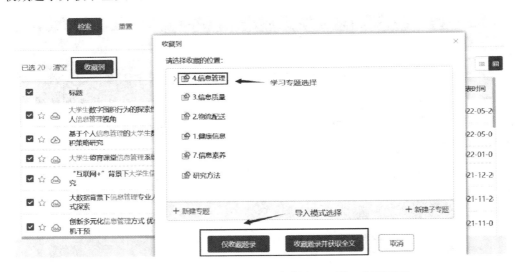

图 5-11　知网研学中的 CNKI 文献检索界面

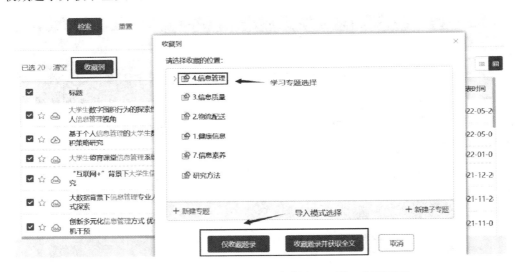

图 5-12 展示的是知网研学中进行文献检索后将题录导入学习专题的界面。选择文献后点击"导入题录到学习专题"，然后选择相应专题，最后选择"仅收藏题录"或"收藏题录并获取全文"。

图 5-12　知网研学中进行文献检索后导入学习专题界面

2. 文献阅读与笔记

在进行文献检索且将题录信息导入专题之后，如电脑 IP 地址位于中国知网授权范围内，可以直接点击"获取全文"并进行"本地阅读"。如电脑 IP 地址不在中国知网授权范围内，可以通过其他渠道获取全文后点击"添加全文"，再进行本地阅读。

3. 论文写作

在论文写作中，参考文献的插入、格式的调整、序号的标注和调整一直是个难题，知网研学可以帮助作者非常轻松地解决上述问题。知网研学安装完成后，打开 Word 文档，菜单栏会出现"知网研学"插件选项，将光标停留在 Word 文档中需要插入文献的

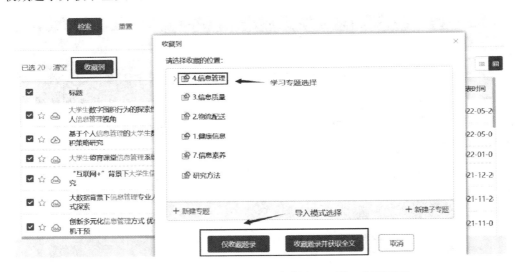

地方，点击"插入引文"或"快速插入引文"，然后选择要插入的文献，点击"确定"，即可出现标准格式的参考文献。

【ChatGPT】ChatGPT 是 OpenAI 研发的聊天机器人程序，于 2022 年 11 月 30 日发布。ChatGPT 是人工智能技术驱动的自然语言处理工具，它能够通过理解和学习人类的语言来进行对话，还能根据聊天的上下文进行互动，真正像人类一样来聊天交流，甚至能完成撰写邮件、视频脚本、文案、代码、论文等任务。在某些测试情境下，ChatGPT 在教育、考试、回答测试问题方面的表现甚至优于普通人类测试者。

二、网络时代的时间管理

时间管理指在等量的时间条件下，以时间的效率提高和效果加强为目的而展开的时间控制工作。在网络时代时间管理已成为一项关键能力，合理制定目标、规划时间和选择优先事项，将帮助大学生更好地管理自己的时间，提高学习和生活的效率与质量。

（一）帕累托最优

帕累托最优（Pareto optimality）指在每件事情中起主要、决定性作用的只占到约 20% 的部分，其余 80% 的部分尽管是大多数，却是次要的、非决定性的。帕累托最优的核心内容是生活中 80% 的结果源于 20% 的活动。在时间管理方面，根据这一原则，要把注意力放在 20% 的关键事情上，对要做的事情分清轻重缓急，进行优先级排序。

（二）ABC 时间管理法

ABC 时间管理法是一种针对事情重要程度划分的定量管理法，其中 A 级为"重要类"事情，B 级为"一般重要类"事情，C 级则为"不重要类"事情。其工作步骤是：第一，先将自己的全部工作全部放在一起，向自己提三个问题：能不能取消不做？可不可以与其他工作合并，一起做？用简单的方法来做，行不行？第二，根据每项工作在执行系统中作用的大小，将它们分为 A、B、C 三类。第三，确定工作级别后，首先要全力以赴投入 A 级工作，直到完成或取得预期的效果后，再转入 B 级工作，如果不能完成 B 级工作，可以考虑授权，尽量少在 C 级工作上花费时间。

（三）四象限时间管理法

四象限时间管理法按照事情紧急性程度和重要性程度的不同，将全部任务划分在四个象限中（见图 5-13）。第一象限内的事情是"紧急又重要"的，是必须以高优先级去完成的事情，但一般所占的比例会较小。第二象限内的事情即"不紧急但重要"的事，虽不同于第一象限的事件存在时间上的紧迫性，但会是真正对个人未来发展产生非凡影响和意义的事情，第二象限是值得人们格外注意的一个象限。第三象限内的事情是一些"紧急但不重要"的事情，虽然不重要，处理事情也须花费相当的时间，却不会带来多大的效益，是时间管理的"陷阱"，如逛街购物、选择生活必需品等。第四象限内的事情是"既不紧急也不重要"的，即消磨、打发时间的事，如玩游戏、看小说、视频等。在大学生日常学习生活中，使用四象限时间管理法请谨记：优先去做第一象限的事情，坚决不做第四象限的事情，设法摆脱第三象限的事情，积极投资第二象限的事情——只有这样才能让我们事半功倍。

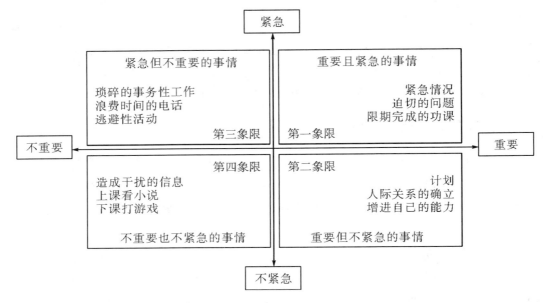

图 5-13　时间管理四象限

第六章
大学生网络社交素养教育

在科技化、信息化、网络化日新月异的时代，社交媒体也迎来了飞速发展。从 20 世纪 80、90 年代的"笔友"，到天涯、博客交流平台的盛行，进而人人网风靡校园，成为一代大学生的回忆。贴吧、论坛的兴起让人与人的交流变得简单而快捷，圈层文化开始显现，网络社交成了全新的风尚。根据 KAWO 发布的《2023 中国社交媒体平台指南》，截至 2022 年 12 月，社交媒体用户人数占全体网民的 95.13%[①]。在这个全民社交时代，网络社交已成为大学生生活中心的一部分，根据艾媒咨询《2021 年中国大学生消费行为调研分析报告》，38.1% 的大学生偏好使用微信、微博等社交类的 App[②]，社交需求是大学生上网最主要的目的。

第一节　认识网络社交

一、网络社交的概念

网络社交是人与人之间关系的网络化，指人们通过互联网实现的社会交往活动。这种形式主要基于 Web2.0 技术，包括但不限于博客（Blog）、维基（Wiki）、标签（Tag）、社交网络服务（SNS）、简易信息聚合（RSS）等应用，构建了一个超越地理空间限制的巨大群体——网络群体。随着互联网的发展，网络社交逐渐成为人们日常生活中不可或缺的一部分，涵盖了从兴趣、爱好、状态到活动等各个方面的信息分享。

网络社交的历史可以追溯到 20 世纪 70 年代，当时电子邮件、互联网聊天室和 BBS（网络论坛）是人们进行在线社交的主要方式。1997 年，六度分隔理论首次被提出，

---

① KAWO. 2023 中国社交媒体平台指南［EB/OL］.（2023-07-15）［2023-10-25］.https://finance.sina.com.cn/wm/2023-07-15/doc-imzatxst4119212. shtml.

② 艾媒咨询. 2021 年中国大学生消费行为调研分析报告［EB/OL］.（2021-07-29）［2023-10-13］. https：//baijiahao. baidu. com/s？id=17066614539566439409&wfr=spider&for=pc.

该理论认为地球上任何两个人之间建立联系都不需要超过六个人。这一理论推动了网络社交的发展，引导了人们更加关注在线社交的可能性。

2000年以后，随着Web2.0技术的发展，网络社交应用开始成为网络社交活动的主要形式。2002年，Friendster成为第一家真正意义上的网络社交平台，该平台通过邀请好友来扩大用户网络。随后，MySpace和LinkedIn相继推出，MySpace专注于音乐领域，LinkedIn主要面向商务用户。2004年诞生的Facebook成为世界上最大的网络社交平台之一，它的成功极大地推动了网络社交的发展。除此之外，微信、微博、Instagram等移动社交应用也开始崛起。如今，网络社交已经非常普及，成为人们日常生活中不可或缺的一部分。同时，随着新技术的不断涌现，网络社交也在不断地演进和变革。

二、网络社交的特点

网络社交的便捷性是人们愿意使用它作为交流工具的重要原因，即时化的沟通提高了人们的互动频率，同时也会让人们习惯即时性的答复。然而网络社交中人们之间对话和互动的逻辑经常会被打断，出现即时性对话的失序，使人们之间沟通的逻辑不畅。

网络社交最明显的特点是浅层化、碎片化。所谓浅层化是指网络社交很少会有深入的思考和沟通，相对简单化、固定化、仪式化的社交群内互动模式让大家的交流愈加浅层化。碎片化主要是指在网络社交中传递的信息受到手机屏幕的局限往往只是寥寥数语，百字以上已属长文，能够传达的信息相当有限，在反反复复的你一言我一语过程中信息更加支离破碎。在碎片化互动过程中，参与双方对真实意思的理解可能存在比较大的差异，使用网络社交文字或语音比当面沟通要花费更长的时间。

三、网络社交依赖的原因分析[①]

（一）网络社交的工作化

职场年轻人的微信存在着若干个工作群，他们过着朝九晚五甚至"996"（早9点上班，晚9点下班，一周工作6天）、"007"（全天加班，全周无休）的生活，还要随时保持在线状态，听从老板召唤。网络社交像存在于工作与生活之间的黏合剂，让年轻人难以区分工作与生活、公司与家庭、忙碌与休闲的边界，本身私密的生活空间也因为网络社交的存在被工作事务所侵占。

（二）关系网络的裹挟和技术依赖

众所周知，中国社会是一个关系型社会，人与人之间的关系网络错综复杂，所有人都被嵌入各种各样的社会关系网络之中。在网络社交尚未普及的年代，关系网络的构建主要是通过人与人之间线下直接互动来实现的，在互联网时代，关系网络的构建也随之转移到线上的虚拟空间。网络社交中，原本的情感交流被依赖网络技术的机械

① 田丰. 网络社交为何让我们越来越孤独［J］. 人民论坛，2019（11）：70-71.

式互动所取代，这种技术依赖的体现之一，便是产生了无数的"点赞之交"。

（三）失去信息恐惧症

互联网上真真假假的信息呈指数级增长，网络社交中的每个人都像是一个信息传递的节点。同时，由于网络社交信息传递的速度很快，一旦离开网络社交，人们获取信息的数量、速度都会大大降低。对年轻人而言，社会快速变化带来的压力使他们不敢轻易错过任何可能有用的信息，为显示自己能够跟得上时代，他们时刻关注着社交群里和朋友圈里的各种动态和信息。

【社交关键词】Just So Soul 研究院发布的《2024 年社交趋势洞察报告》认为当代年轻人正在重建自我秩序，以及与这个世界的边界。这个命题被总结为"在社交中找寻自我"。Just So Soul 把在此过程中年轻人展现出来的特性和趋势概括为十个关键词：

自恋浪漫主义：重新养育自己，接受不完美的自己，我知道爱自己才是终身浪漫的开始。

他者想象：把自己想象成一只"吗喽"（源自两广地区的网络流行语，意为猴子）、一只水豚，放飞真实的自我。

零糖社交：就像是来罐零糖可乐，无负担地获得社交带来的情感支持和情绪满足。

人机互动：《Her》《黑客帝国》《人工智能》……人与 AI 的互动一度只存在于科幻故事的想象中，但 AIGC 的突破式发展让社交有了新可能。

性价比生活：不是羽绒服买不起，而是军大衣更有性价比。

懒系健康：我们的目标是——以最少的时间/精力，养最健康的身体！

释压崇拜：深陷生活泥沼中，寻找各种快乐的方式为自己减压的年轻人，有什么坏心思呢？

对抗严重不安：多元价值冲突中，积极找寻自己的坐标，对抗失重漩涡里的无力、孤独和失落感。

重构多维附近：在人间烟火中重拾"附近"，重建对生活的可控感。

线下社交体力流失：在"996"、大小周等快节奏的现代生活中挣扎，我们逐渐无暇打理亲密关系，"线下社交体力"不断削弱，现实社交半径减小。

第二节　认识与运用社交媒体

社交媒体的雏形始于 20 世纪 70 年代。到了 90 年代，随着计算机和互联网的发展，社交媒体得到了广泛的使用和推广。21 世纪初，随着 Web2.0 的兴起，各类社交服务网站快速发展，社交媒体平台也如雨后春笋般爆发，国内的社交媒体如微信、抖音和小红书等，国外的社交媒体如 Facebook、Twitter 和 YouTube 等，为互联网时代人们之间的有效沟通提供了载体。

一、认识社交媒体

根据维基百科，社交媒体（social media）也称为社会化媒体、社会性媒体，指允许人们撰写、分享、评价、讨论、相互沟通的网站和技术。它是人们彼此之间用来分享意见、见解、经验和观点的工具和平台，具有以下特征：参与、公开、交流、对话、社区化、连通性。大量的人员和自发传播是构成社交媒体的两大要素。汤姆·斯丹迪奇在《社交媒体简史：从莎草纸到互联网》中提到，社交媒体发展的基础是人类爱分享的天性，信息依托社会关系网络得以传播。

禹卫华主编的《社交媒体概论》从互联网技术进步的角度将社交媒体的发展分为雏形时期、页面时期、移动互联时期、万物互联时期四个时期①（见图6-1）。

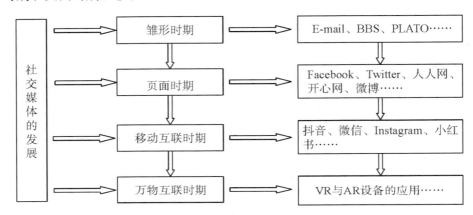

图 6-1　社交媒体的发展

（一）雏形时期

阿帕网确定了互联网原则，也催生了 E-mail、BBS 等多种社交媒体的初级产品。此阶段没有大型的社交媒体平台，因此人们不能自由进入大规模社群。

【BBS】BBS（bulletin board system），翻译为中文就是"电子公告栏"，这种形式的网络媒体被大众称为论坛。2007 年以前，论坛是主要的社交媒体类型，天涯论坛、猫扑、西祠胡同等是这一时期优秀论坛的代表。相较于 E-mail 点对点的交流形式，论坛点对面的交流形式降低了交流成本。

（二）页面时期

随着万维网的出现，社交媒体进入了页面时期（个人电脑时期），大量资本进入互联网行业，使得各类社交媒体平台迅速发展，如这一时期出现的 Facebook、Twitter、人人网、开心网、微博等。

（三）移动互联时期

4G 技术与智能手机的发展，帮助人们的沟通从个人电脑端转到了移动端，社交媒体的发展进入了移动互联时期。互联网技术实现了在线社会交往的实时性，移动端与

---

① 禹卫华. 社交媒体概论［M］. 上海：上海交通大学出版社，2020.

人的社会需求结合，具有视频、音频、文字、支付等多种功能，同时也具有各种社会交往功能，例如抖音、微信和 Instagram 等。

（四）万物互联时期

随着 5G 技术的发展，社交媒体也迎来了新阶段。在这一阶段，虚拟现实（VR）与增强现实（AR）的设备将会被大量采用。目前这个阶段还在发展之中，技术也在不断地更新，但在不久的将来，社交媒体将进入万物互联时期，陌生人社群可以通过 5G 终端直接组建完成而不再需要某一个社交平台。

二、常用社交媒体

根据美国融文公司和英国"我们擅长社交"公司 2024 年 1 月 31 日发布的关于全球媒体和数字化趋势的年度报告，全球社交媒体活跃用户数量达到 50.4 亿，相当于约 62.3% 的全球人口经常使用社交媒体；社交媒体用户平均每天花在社交媒体上的时间是 2 小时 23 分钟，每个月平均会用到近 7 个社交平台[1]。网络社交媒体正在以迅猛的速度改变我们彼此沟通、联系及兴趣分享的方式，它已成为我们日常生活中不可或缺的一部分，2023 年全球最受欢迎的社交媒体平台见图 6-2。

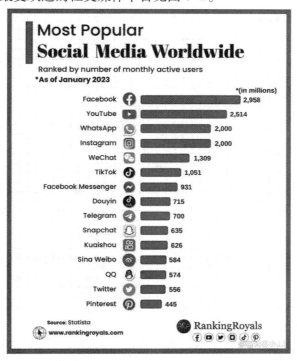

图 6-2　全球最受欢迎的网络社交媒体[2]——按每月活跃用户数排列（截至 2023 年 1 月）

①　新华社. 全球社交媒体活跃用户数量破 50 亿［EB/OL］.（2024-02-01）［2024-05-08］. https://baijiahao. baidu. com/s？ id=1789684325757275788&wfr=spider&for=pc.

②　数界新知. 2023 年全球十大最受欢迎社交媒体平台［EB/OL］.（2023-05-08）［2024-05-13］. https：//baijiahao. baidu. com/s？ id=1765328061024022009&wfr=spider&for=pc.

从全球范围来看，Facebook 以用户数最多居首。Facebook 允许用户与他们的联系人或公众分享文本、照片、视频和多媒体；用户还可以加入具有相似兴趣的群组，通过 Messenger 直接与他人沟通，并接收有关他们的 Facebook 熟人和他们关注的页面活动的更新。YouTube 是基于视频形式上升最快的自媒体平台，该平台让用户在各种主题上找到并观看视频，包括音乐、运动和教育内容；除了评论、点赞和分享视频外，用户还可以订阅他们最喜欢的内容创作者的频道。WhatsApp 是一种流行的消息应用程序平台，可以通过文本消息、语音消息、电话和视频聊天让个人相互交谈。WhatsApp 直观的界面是该应用程序的优势之一，用户只需轻按几下电话键即可发送消息和与朋友通话；该应用程序还可在各种设备上使用，用户可以随时随地保持联系。WhatsApp 的另一个重要之处在于它是安全和私密的。该应用程序从始到终加密消息和通话，因此只有发送者和接收者可以阅读或听取它们。Instagram 是一个社交媒体网站，人们可以与关注他们的人分享照片和视频。Instagram 让人感觉最好的事情之一是在它上面可以添加效果和编辑照片以使其看起来更好。此外，用户可以共享图片和视频，添加标题，标记其他用户，并使用标签使其帖子更易于查找。Twitter 被形容为"互联网的短信服务"，用户可以更新不超过 140 个字符的消息（除中文、日文和韩语外已提高上限至 280 个字符），这些消息也被称作"推文"（Tweet），从突发事件、娱乐讯息、体育消息、政治新闻，到日常资讯、实时评论，全方位地展示了事件的每一面。

在国内，网络社交媒体平台市场也在不断扩大和创新。接下来将介绍一些国内主流的网络社交媒体平台，帮助大家了解它们的特点和功能。

（一）微信

国民级社交媒体平台微信是一款由中国科技巨头腾讯公司开发的即时通信软件，于 2011 年 1 月 21 日正式上线。历经十余年敏捷迭代，而今微信的功能已自成一体，覆盖全民，已拥有受众超 10 亿人，是国内拥有用户最多的网络社交平台。扫码添加好友即可互看朋友圈、语音视频通话、建群热聊、抢红包等；微信小程序吸引了诸多优质商家入驻，并可与滴滴出行、美团外卖、京东购物、拼多多、贝壳找房、知乎、哔哩哔哩等平台实现无缝跳转；月活跃用户人数超过 8 亿的微信搜一搜与微信公众号、视频号、朋友圈、小程序、直播等连接，逐渐培养了用户的搜索习惯；微信公众号已成为品牌连接内外的电子名片，用户可通过搜索或扫描二维码来与品牌建立连接，浏览内容、点击链接、发送留言或私信；以"多元、共生的全民消费平台"为定位的微信视频号异军突起，使用时长已超过朋友圈，月活用户数激增到 8.2 亿，自 2020 年发布以来快速进行功能的升级与迭代，直播间打通订阅号和小程序，推出带货功能、支持购物车直达购买，越来越多的品牌入驻视频号，已经成为短视频赛道除"抖快"（抖音、快手）之外的第三股力量，在商业化和直播带货方面潜力巨大，未来可期（见图 6-3）。

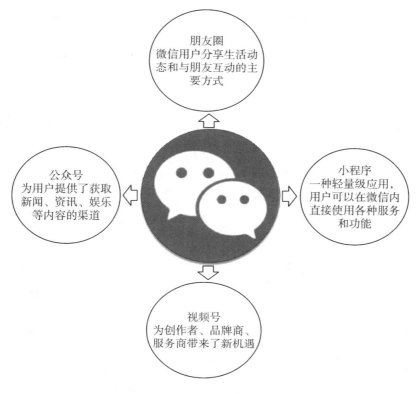

图 6-3　微信主要功能

（二）抖音

以"记录美好生活"为宗旨的抖音是一款由字节跳动公司开发的短视频社交媒体平台，于 2016 年 9 月正式上线。它通过用户拍摄、剪辑和分享短视频，展示自己的才艺、生活和创意，带火了诸多歌舞、城市、达人。目前，抖音已发展成为一个集社交、娱乐、直播、购物等多种功能于一体的综合性平台（见图 6-4），用户群体非常广泛，政务号、媒体号、企业号纷纷入驻，个人用户、企业用户与机构用户同台"吸粉"；其内容丰富多彩，新闻娱乐、知识学习、生活趣事、热点追踪等应有尽有，娱乐氛围浓，趣味互动性强。

视频拍摄和剪辑：抖音提供了丰富的拍摄和编辑工具，能够实现音视频的快速拍摄和剪辑，内置模版、滤镜、特效、字幕和音乐等，满足用户个性化内容生产需求。
直播：是抖音的核心功能之一，是用户与粉丝进行实时互动最直接的方式，也是流量变现的重要途径。
社交互动：关注、点赞、评论、分享、私信是抖音平台上用户之间社交互动的方式，也是衡量视频、账号热度的指标。
推荐：抖音根据用户的浏览习惯和使用需求，通过大数据分析进行针对性推荐。
热门挑战和话题：抖音会定期推出一些热门挑战和话题，用户可以根据主题进行个性化创作

图 6-4　抖音的主要功能

同时，依托技术和供应链的完善，直播带货已经成为抖音电商增长的主要形式。顶级品牌的入驻、高质量的直播带货模式，结合密切互动，为用户带来更加便捷、立体的购物体验。2023 年 2 月，抖音开放个人卖家入驻，降低开店门槛，特定类目仅需 0 元即可入驻。

（三）新浪微博

新浪微博上线于 2009 年 8 月，是在线社交网络信息服务产品的典型代表，是中国第一个大规模的微博平台。微博用户可以发布一条文字微博，分享自己的心情或观点；发布一张图片微博，展示自己的旅途所见；发布一个视频微博，记录自己的日常生活；也可以通过评论、转发等方式与其他用户进行互动，分享自己的喜好和见解；还可以关注明星、品牌、媒体等，获取最新的资讯和推广信息（见图 6-5）

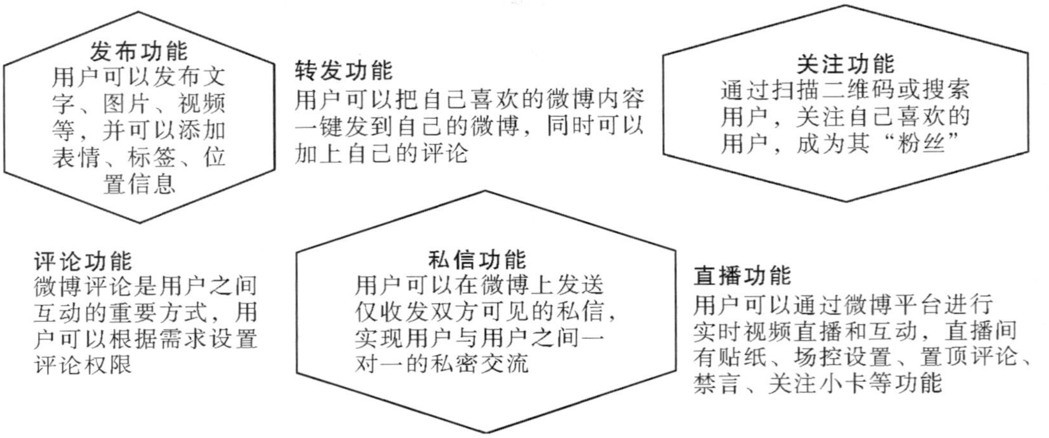

发布功能
用户可以发布文字、图片、视频等，并可以添加表情、标签、位置信息

转发功能
用户可以把自己喜欢的微博内容一键发到自己的微博，同时可以加上自己的评论

关注功能
通过扫描二维码或搜索用户，关注自己喜欢的用户，成为其"粉丝"

评论功能
微博评论是用户之间互动的重要方式，用户可以根据需求设置评论权限

私信功能
用户可以在微博上发送仅收发双方可见的私信，实现用户与用户之间一对一的私密交流

直播功能
用户可以通过微博平台进行实时视频直播和互动，直播间有贴纸、场控设置、置顶评论、禁言、关注小卡等功能

图 6-5　新浪微博的主要功能

短内容以及不受限制的发布频率使新浪微博的内容具有超强时效性和话题度，"随时随地发现新鲜事"，短时间内通过一个话题将众多用户迅速连接在一起，加之抽奖、投票、点评等多种形式增加互动性，"热搜"容易产生。因此，在网络社交媒体群雄逐鹿的今天，经历数次大起大落的新浪微博依然在时事资讯、热点话题、明星娱乐、影视综艺等领域独树一帜。

（四）B 站

被用户昵称为"小破站"的 B 站（哔哩哔哩）是我国一家知名的弹幕视频网站，早期以 ACG（动画、漫画、游戏）品类出圈并以长视频为主要内容形式，目前已拥有动画、番剧、国创、音乐、舞蹈、游戏、知识、生活、娱乐、时尚等 15 个内容分区，并开设直播、游戏、周边等业务板块，涵盖 7 000 多个兴趣圈层，吸引了众多"Z 世代"（通常指在 1995 年至 2009 年出生的一代人）。相关调查显示，B 站用户中超 74% 的年龄在 24 岁以下。

悬浮于视频上方的实时评论即"弹幕"是 B 站的一大特色。用户可以在观看视频时发送弹幕，其他用户发送的弹幕也会同步出现在视频上方，给用户创造了实时互动

的体验。各具个性的用户在获得新知的同时也展示了其创造性，形成了 B 站独有的"二创"文化氛围。

作为"Z 世代"高度聚集的综合性视频社区，B 站上最被大家所喜爱的是 UP 主创造的内容。UP 主大部分是"90 后""00 后"，年轻、有才华、有创意。在众多优质视频中，诸如讲述中国第一颗原子弹背后的历史故事、建党百年的历史故事等正能量的纪录片在 B 站很受欢迎。此外，根据《bilibili 年度国风数据报告》，2021 年 B 站国风爱好者人数超 1.77 亿，其中 18~30 岁的群体占比约七成。据 B 站董事长兼 CEO 陈睿介绍，截至 2021 年，平台上有超过 200 万中国风作品，一年内观看此类视频的人有1.36 亿。国风妆造、国风音乐、国风原创编舞、国风手工、国风跨界……在这里，中国传统文化因为年轻人的参与和演绎而更具生命力，正在引领更多年轻声音传递正能量，向人们呈现中国价值。

（五）小红书

小红书（RED）创立于 2013 年，最初是一个分享海外购物心得的社区。用户可以在平台上分享自己的购物体验、心得和评价，帮助其他用户做出更明智的购物决策。随着时间的推移，小红书逐渐发展成为一个综合性的社交电商平台，用户不仅可以分享购物心得，还可以购买商品、与其他用户互动，小红书账号的经营策略见图 6-6。小红书的用户有 70% 是女性，她们对时尚、美妆、生活方式等领域有着浓厚的兴趣并喜欢分享。平台上有大量的用户生成内容，包括购物心得、产品评测、时尚搭配、美妆教程等，具有很高的参考价值。用户通过浏览或者搜索相关笔记被"种草"，完成消费决策。如今，小红书已吸引超 14 万家品牌商家入驻。2023 年 2 月，小红书首次发"TrueInterest 种草值"，让"种草"变得可衡量、可优化。

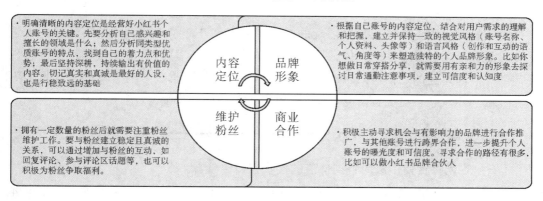

图 6-6　小红书账号经营策略

（六）知乎

以"让人们更好地分享知识、经验和见解，找到自己的解答"为品牌使命的知乎是一个高质量中文社交问答平台，于 2011 年 1 月上线。知乎以问答业务为基础，逐渐成长为综合性内容平台，提供"问答"社区、会员服务体系"盐选会员"、机构号、热榜等一系列产品和服务，拥有包括图文、音频、视频在内的多元媒介形式，聚集了中文互联网科技、商业、影视、时尚、文化领域最具创造力的人群。作为知识分享社区，知乎70%用户的学历为本科及以上，内容以专业、有深度的长图文为主，其主要功能见图6-7。截至2020年12月，知乎上的总问题数超过4 400万条，总回答数超过2.4亿条；在付费内容领域，知乎月活跃付费用户数已超过250万，总内容数超过300万，年访问人次超过30亿。

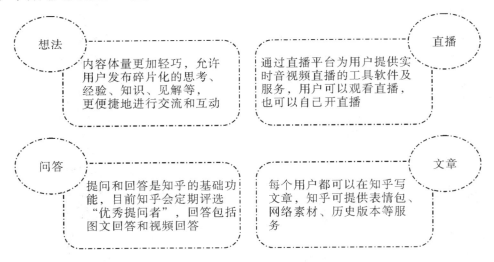

想法 内容体量更加轻巧，允许用户发布碎片化的思考、经验、知识、见解等，更便捷地进行交流和互动

直播 通过直播平台为用户提供实时音视频直播的工具软件及服务，用户可以观看直播，也可以自己开直播

问答 提问和回答是知乎的基础功能，目前知乎会定期评选"优秀提问者"，回答包括图文回答和视频回答

文章 每个用户都可以在知乎写文章，知乎可提供表情包、网络素材、历史版本等服务

图6-7　知乎的主要功能

第三节　大学生网络社交素养提升

网络社交可以不断扩大社交活动的时间和空间，开辟了人际交往的新通道。大学生作为最具活力和创造性的群体，通过微信、微博、抖音等网络社交媒体，不仅实现了跨时空、超迅速的通信，同时也完成了自身社会交往，收获了社会认同，获得了更为多元的思想观念、更为自由的个性空间和更加宽广的文化视野。

一、大学生网络社交现状分析

（一）在网络社交中成为各类信息的接收者和传播者

随着移动互联网技术的迅速发展，微信、QQ、抖音等网络社交平台为大学生群体提供了海量信息，这些信息往往能在大学生群体中引起共鸣，并通过点赞、评论、转发等社交网络行为飞速传播。

（二）借助网络社交提高人际交往能力

网络社交可以实现实时一对一、一对多、多对多的互动交流。大学生通过网络社交，可突破时空的限制，形成相当规模的交际圈。根据Just So Soul研究院发布的

《2023 年轻人社交态度报告》①，近六成年轻人拥有不到两个知心好友，而社交 App 成为他们拓圈的主要途径，66.49% 的年轻人选择通过社交 App 认识新朋友，52.41% 的年轻人在社交平台上交到了朋友。当代大学生的社交属于"能信息不语音，能短信不电话，能线上不线下"的状态，这种人际关系的浅尝辄止让人与人之间的关系日益淡漠。雪莉·特克尔在《群体性孤独》中写道："互联网让人的交往变得方便，但却加强了真实世界里人与人之间的疏离感。"

（三）通过网络社交满足情感需求

大学校园容纳了来自五湖四海的同学，寻找情感归属是大学生使用社交媒体的重要原因。大学生将社交平台看作同好聚集地，在此发现与自己兴趣相投的朋友，获得心理的寄托，获得安全感和归属感。网络空间具有匿名属性，许多大学生将社交平台作为"心灵树洞"，抒发情感、宣泄情绪，满足精神需求。《2023 年轻人社交态度报告》显示，约八成的年轻人选择使用兴趣社交 App。近年来，以 Soul 为代表的新型开放式社交 App 快速崛起，其用户中有 62.99% 是为认识兴趣相同的朋友，有 62.13% 是为分享生活，有 58.47% 是为抒发情绪。

（四）网络社交呈现圈层化特点

"圈层"一词最早由德国经济学家冯·杜能提出，它主要描述了社会经济发展中的圈层现象，即在区域发展中形成的以城市为经济发展的主导，在空间分布上以中心城市为核心圈层依次向外扩展的局面。圈层化是当前大学生在网络空间中的社交状态与存在方式。大学生会根据自己的兴趣与爱好在自己的特定圈层中进行信息交互。一个大学生可以同时拥有多个网络社交圈，根据与个体关系的亲疏，这些圈层可以分为核心圈层、交流圈层、外部圈层，只有与个体关系较为密切的人才能跻身其核心圈层。从大学生与网络媒体的亲密关系看，社交服务类媒体居于核心圈层，购物类媒体居于中间圈层，娱乐资讯类媒体居于外部圈层②。根据 Z. Moments 发布的《2022—2023 年"Z 世代"玩家白皮书》，"Z 世代"热衷于圈层文化，大学生作为社交需求最多的潮流新生代，对 live house、桌游、密室、剧本杀等微社交概念的事情情有独钟；80% 的新生代都有自己热爱的"一亩三分地"，对潮鞋潮玩、国风国潮都更有兴趣③。

（五）Vlog 新潮流兴起

Vlog 是"Video blog"的缩写，即视频博客、视频日记。博主用个人创作的视频记录日常生活。Vlog 是对个人经历的个性化浓缩和提纯，其玩法自带一定的门槛，需要一点编导意识，不仅要给观众展现完整的视频叙事，还包含了强烈的个人主观意愿。

① 《2023 年轻人社交态度报告》发布：线上社交偏见多，四分之一年轻人还在"偷偷摸摸"玩社交软件 [EB/OL].（2023-04-27）[2023-10-16].https://baijiahao.baidu.com/s? id = 1764309126785032899&wfr = spider&for = pc.

② 骆郁廷、王巧. 大学生网络社交圈层化及其思想传播的空间分布 [J]. 学校党建与思想教育，2021（5）：30-31.

③ 2022—2023 年"Z 世代"玩家白皮书 [EB/OL].（2023-03-09）[2023-10-18].https://www.bilibili.com/read/cv22296054/.

根据艾媒咨询发布的《2019 中国 Vlog 商业模式与用户使用行为监测报告》，中国 Vlog 用户规模达 2.49 亿人，未来仍将保持稳定增长态势①。Vlog 的流行反映出当下年轻人的社交表达由单纯的新鲜好玩渐渐向内在思考转变，每个人都能以较简单的视频剪辑软件制作不简陋的"独家记忆"。

二、大学生网络社交素养提升路径

网络素养是数字化时代公民的必备素养，大学生群体作为网络社交群体的重要组成部分，已形成了独特的网络社交行为，大学生网络社交素养的提升尤为重要。

（一）在认知方面，树立正确的网络社交观念和积极健康的互联网意识

在网络社交中，看似主动的通过网络摄取信息和互动交流的行为，其实是算法精准推送下的被动选择，这就要求大学生要充分认识到互联网虚拟世界和现实世界的关系，树立正确的网络社交观念。首先要坚持理性思维，要认识到网络社交平台是人的产物，要为人所用，而不是被其支配和控制，因此要合理分配使用时间，避免过度沉迷于网络社交而迷失自我；同时也要认识到网络不是法外之地，丰富多元的网络社交只是社会现实的一部分，要遵纪守法。其次要坚持主体思维，自觉做好网络社交与现实社交的维度转换，将网络社交中的优质资源为我所用，同时也要将现实社交中培育的诸如真诚、互助、尊重等交往原则迁移到网络社交中，让自己成为优良网络空间的守护者和建设者。

（二）在态度方面，主动学习网络社交知识，积极参与公共事务的表达

对于大学生来说，最重要的能力就是自主学习能力，而对网络媒介基础知识的自觉学习掌握，是网络社交素养培育的基础。只有了解网络媒介的属性、运作目的、运行模式，掌握网络媒介内容生产和传播规律，大学生才能初步确立适合自身发展的网络素养，才能有意识地忽略网络媒介上的有害信息、垃圾信息，收集有益于身心发展的积极健康信息，也更容易规避各类网络风险。同时，大学生在日常使用网络媒介时，要时时反思网络媒介对自身的影响，以突破信息茧房、信息孤岛等负面影响，养成良好的网络媒介使用习惯，努力成为健康信息的"扩音机"。大学生可以通过社交媒体表达自己的意见和关注，参与社会热点话题的讨论，传播正能量，分享自己的学习和成长经验，为他人提供帮助和支持。

（三）在行为方面，有效获取、正确辨别网络信息，注重网络社交礼仪

社交媒体上充斥着大量的信息，在搜索有用信息时往往会遇到大量虚假和有害信息，如何筛选和辨别信息的真实性和可信性是网络社交素养教育的重要内容。大学生要学会通过权威、主流、门户媒体有效获取信息，多元获取信息，进一步确认信息本身的可靠性和真实性，提高网络安全意识。"最反感的微信好友"曾成为热搜话题，线上社交正日趋常态化，网络社交礼仪也变得越发重要。大学生应掌握适度的网络社交

① 2019 用户规模将达 2.49 亿，Vlog 或成视频社交下一风口［EB/OL］（2019-06-01）［2023-10-01］.https://baijiahao.baidu.com/s？id=1636212990906892452&wfr=spider&for=pc.

策略，不仅要在"克己复礼"上多下功夫，还要有包容心，要结合具体的交流情境包括对交流对象的社会相似性、身份地位、文化背景方面的综合判断，尽量包容对方和规避对方的"雷区"。网络空间已成为我们生活的重要部分，却也使一些人找到了宣泄情绪的场所，"按键伤人""按键杀人"等网络暴力事件时有发生。2023 年最高人民法院、最高人民检察院、公安部联合发布了《关于依法惩治网络暴力违法犯罪的指导意见》，对网络暴力违法犯罪案件的法律适用和政策把握等做了全面、系统的规定。大学生应遵守网络道德规范，不进行网络暴力和恶意攻击他人，如遇网络暴力，要保存好证据，学会运用法律手段保护自身合法权益。

【案例】

汤某某、何某网上"骂战"被行政处罚案

基本案情：2023 年 2 月，汤某某和何某因琐事多次发生冲突，未能协商解决。后双方矛盾日益激化，于同年 6 月在多个网络平台发布视频泄愤，相互谩骂。随着"骂战"升级，二人开始捏造对方非法持枪、抢劫、强奸等不实信息，引发大量网民围观，跟进评论、嘲讽、谩骂，造成不良社会影响。

处理结果：云南省玉溪市公安局红塔分局依法传唤汤某某、何某，告知双方在网络上发布言论应当遵守法律法规，侵犯他人名誉或扰乱社会正常秩序的，需要承担法律责任。据此，依法对汤某某、何某处以行政拘留五日的处罚，并责令删除相关违法视频。

典型意义：对于实施网络诽谤、侮辱等网络暴力行为，尚不构成犯罪，符合《中华人民共和国治安管理处罚法》等规定的，依法予以行政处罚。该法第四十二条规定："有下列行为之一的，处五日以下拘留或者五百元以下罚款；情节较重的，处五日以上十日以下拘留，可以并处五百元以下罚款：……（二）公然侮辱他人或者捏造事实诽谤他人的……（六）偷窥、偷拍、窃听、散布他人隐私的。"本案即是网络暴力治安管理处罚案件，行为人实施网络"骂战"，相互谩骂、诋毁，在损害对方名誉权的同时，破坏了网络秩序，造成了不良社会影响。公安机关依法予以治安管理处罚，责令删除违法信息，教育双方遵守法律法规，及时制止了网络暴力滋生蔓延和违法行为继续升级。

【案例】

王某某等诉龚某名誉权纠纷案

基本案情：王某某、高某夫妇与龚某系邻居，双方因邻里琐事产生矛盾。2022 年6 月，龚某在成员百余人的"互帮互助群"和"邻里互助群"小区微信群内发布针对王某某夫妇家庭生活、子女教育及道德品行方面的言论。王某某、高某认为龚某的言

论给其造成了精神痛苦，导致了其社会评价降低、名誉受损等后果，向法院提起名誉权纠纷诉讼，请求判令龚某在上述微信群内公开赔礼道歉并赔偿精神损害抚慰金。

判决结果：上海市闵行区人民法院判决认为，龚某在近百人的小区微信群内发布的针对王某某、高某夫妇的涉案言论，易使涉案微信群内的其他成员做出错误判断，造成其人格受贬损、名誉被诋毁及社会评价降低的后果，故认定龚某发表的涉案言论构成侵犯王某某、高某名誉权，判决龚某在涉案两个微信群内以书面形式公开赔礼道歉，并支付精神损害抚慰金 1 000 元。判决生效后，因涉案微信群之一已解散，在执行法官见证下，龚某逐户上门说明情况，同时在楼道口张贴致歉公告。

典型意义：网络暴力信息往往具有传播范围广、持续时间长、社会危害大、影响消除难的特点。办案机关根据案件进展情况，及时澄清事实真相，有效消除不良影响，是遏制网络暴力危害、保障受害人权益的重要措施。本案被告涉案言论在小区微信群传播，影响受害人的日常生活，对其社会评价造成不良影响。基于此，为受害人及时消除不良影响不仅必要，而且可行。

人民法院结合具体案情，在涉案微信群解散、不具备线上执行条件的情况下，由执行法官全程陪同被告逐户上门说明情况、澄清事实，不仅为受害人有效消除影响、恢复名誉，还教育引导了社会公众自觉守法，引领社会文明风尚。

第七章

大学生网络舆情素养教育

互联网的快速发展以及多种平台软件的出现改变了人们既有的社会交往模式和获取信息的途径，人们可以在网络上获取一切感兴趣的内容以及发布他们的所见所闻。在信息交流的过程中，网络舆情随之产生。当代大学生作为全媒体时代的重要力量，有着吸收和创造事物的能力，能够快速适应社会的发展，乐于挖掘和发布不同的信息，善于利用网络掌握当今流行趋势和热点话题。然而网络提供的信息纷繁复杂，大学生又缺乏社会阅历，筛选、识别、理解信息的能力较弱，容易被不良思想迷惑。

第一节　认识大学生网络舆情

一、大学生网络舆情的概念

（一）舆情

在我国古代文书中，"舆情"一词通常指人们的情感和情绪。由此可见，"舆情"的基本含义是人们的情绪、意志、态度和意见等。关于舆情，学者们普遍认为"意见"是其核心。因此，舆情被理解为在一定时间内，个人和群体对于社会热点事件、国家政治事件以及与自身利益紧密相关的事件等表达的言论、情绪、态度、意见的集合。

（二）网络舆情

2006 年中共中央宣传部舆情信息局提出，网络舆情是媒体或网民借助互联网对某焦点问题、社会公共事务等所表现出的有一定影响力、带倾向性的意见或言论①。网络舆情的出现与网络信息技术的高速发展息息相关，网络舆情是社会舆情中最重要的组成部分，其诱发因素一般是对公众产生强烈的吸引力和刺激性或与公众自身利益相关的社会公共事件。网络舆情与其他舆情最本质的区别在于其发生的载体是网络，从传

---

① 中共中央宣传部舆情信息局. 网络舆情信息工作理论与实务［M］. 北京：学习出版社，2009.

播效率来看，网络舆情信息超越了其他舆情信息的传播速度和传播规模。人们通过可视化、即时性、裂变性的网络载体所表达的观点或者言论通常具有较大的影响力和倾向性，并且能够在短时间内快速传播并扩大影响的范围，网络舆情因此而生。网络舆情是指在互联网上流行的对社会问题持不同看法的网络舆论情况，是通过互联网传播的公众对现实生活中某些热点、焦点问题所持的有较强影响力、倾向性的言论和观点，是以网络为载体、以事件为核心，广大网民情感、态度、意见、观点的表达、传播与互动以及后续影响力的集合，是目前社会舆论的一种重要表现形式①。网民通过互联网发声，既是网络社会舆论生态的集中表现，也是现实社会情绪的直接反映。

【网络舆论】舆论是在一定社会范围内，消除个人意见差异、反映社会知觉的多数人对社会问题形成的共同意见②。网络舆论是互联网技术发展的产物，是社会公众对某一社会热点问题通过网络发表自己的看法、对某些公共事务或者焦点问题所表现出意见的总和③。

（三）大学生网络舆情

大学生思维灵活、富有热情、敢作敢为，自媒体平台为其提供了"意见的自由市场"，已成为大学生网络舆情发展的"助燃剂"。大学生网络舆情是大学生在一定时间和特定空间下，利用现代化网络互动工具，如校园网站、校园论坛、QQ 群、微博、微信等，对社会热点事件、国家政治事件以及与自身利益紧密相关的校内外事件所表达的言论、情绪、态度以及意见的集合。

大学生网络舆情因其大学生代际特点而呈现出特有的风貌：一是具有向心力。相比其他族群，大学生的日常生活、学习黏度较强，相互之间的互动和交流更多，在网络舆情爆发时多产生群体凝聚性。二是价值多元化。大学生群体接受了良好的教育，掌握了丰富的文化知识，在看待公共事务和焦点问题时，价值取向较为多元。三是影响范围广。青年是国家的未来、民族的希望，因此大学生网络舆情容易引发全社会的强烈关注，其影响具有广泛性、深入性。四是过于情绪化。大学生的人生阅历浅，单纯积极且情感充沛，被舆论挑唆煽动时容易盲目共情、轻信谣言。

二、大学生网络舆情的议题类型

大学生网络舆情是大学生对众多社会问题、社会现象的主观反映，其议题覆盖诸多领域，如国家大事、社会热点、高校实时信息等。赵志博根据议题类型将大学生网络舆情划分为时事政治舆情、社会热点事件舆情、突发公共事件舆情和学校信息舆情④。

---

① 申正勇. 论网络舆情的社会价值［EB/OL］.（2019-12-16）［2024-05-14］. https：//www. cac. gov. cn/2019-12/16/c_ 1578033555760100. htm.

② 刘建明、纪忠慧、王莉丽. 舆论学概论［M］. 北京：中国传媒大学出版社，2009：23.

③ 张再兴. 网络思想政治教育研究［M］. 北京：经济科学出版社，2009：271.

④ 赵志博. 大学生网络舆情的现状及引导研究［D］. 沈阳：辽宁大学，2021.

（一）时事政治舆情

大学生具有家国情怀，是拥有较高思想觉悟和政治敏锐性的社会群体，他们在网络上极其活跃，每当有国内外重大政治新闻出现，往往能快速形成舆情。大学生通过网络表达自己对国内外形势、重要法律法规和重要方针政策等重大事务的主观感受和观点，进行实时互动，构成了时事政治类的大学生网络舆情。大学生时事政治类的网络舆情往往展现出其社会责任感和使命感，体现了大学生在大是大非问题上的态度和立场。面对有关国家荣誉和尊严的问题，大学生能主动利用话语武器，借助社交媒体、网络论坛等媒介，有效进行舆情表达，使之成为舆情热点，进而形成公共舆论。每当有事关国内外形势的重大热点新闻发生，"新闻联播"这一词条便会快速地登上微博热搜。大学生群体作为新闻热度发酵的重要贡献者，表现出了对时事政治的密切关注。然而，有些时候大学生的舆情表达也存在着非理性和过激的情况，需要及时调控与引导。

（二）社会热点事件舆情

大学生关于社会热点事件的舆情内容广泛，涉及对社会经济和文化生活热点问题的讨论，对社会治安和风气的焦点事件的观点表达，以及对捍卫或违反公民道德和行为规范现象的感受。社会热点事件有着较强的关注度和吸引力，大学生乐于讨论和参与，一旦某些被普遍关注的舆情信息在网络上传播，如"瑞幸造假事件""长江白鲟灭绝""张玉环再审宣判无罪"等，会引发大学生的广泛关注。

（三）突发公共事件舆情

面对自然灾难、社会安全事件、公共卫生事件等突发公共事件，大学生往往表现出较为明显的忧患意识和较强的责任担当。在没有任何预判的前提下，大学生能以较快的速度获取突发公共事件的信息，并立即做出反应，发表自己的言论和观点，从而成为事件信息的间接报道者和发布者。比如新冠病毒感染疫情期间，有关病毒来源、感染情况、治疗方法、专家言论等舆情信息大量充斥着网络空间，也引发了大学生的广泛转载、评论，成为非常重要的舆情内容。

（四）学校信息舆情

高校是承担大学生日常教育与管理工作的组织，政策制度的设立与修正，相应举措的实施，以及各类事件、信息的发布势必受到学生的普遍关注。一般来说，大学生因学校信息产生的舆情大体分为三类。一是高校管理类舆情，包括大学生对学校的规章制度、日常管理工作所表达的情绪和态度，如"艺人仝某自曝高考舞弊"事件引发的对仝某所在学校招考流程和选拔标准的热议。二是高校服务类舆情，包括大学生对学校发布的学生日常学习、生活以及职业发展的信息进行分享和讨论。三是由高校内部的个体新闻产生的舆情，如某高校博士"洁洁良"在网络上发表不当言论，引发了大学生对当事人的强烈谴责；"北大留守女生选择考古专业"事件获得广大大学生的力挺，大家公开表达对其的支持、羡慕和敬佩。

三、全媒体时代大学生网络舆情的特点

习近平总书记在中共中央政治局第十二次集体学习时指出："全媒体不断发展，出现了全程媒体、全息媒体、全员媒体、全效媒体，信息无处不在、无所不及、无人不用。"① 网络舆论环境有着今非昔比的复杂性，大学生网络舆情已呈现出新的特征。

（一）舆情内容具有多元性

大学生是网络舆论场中的活跃群体，他们参与社会生活、表达主体意识的愿望日趋强烈，有着对政治、经济、文化、社会生活等问题发表自身见解、追求自身利益的强烈诉求。

（二）舆情传播具有突发性、迅捷性与引诱性

人类社会正在向风险社会转变，风险已成为我们生活中不可避免的一部分，每个人都面临着未知的几乎不可预测的风险②。各种重大突发事件加之互联网的即时和放大效应，使突发性成为网络舆情的显著特征。多种多样的传播渠道使得舆情传播不再局限于报纸、电视等传统方式，舆情事件传播的速度有了指数级的提升。在舆情迅速传播的过程中，引领舆情走向的常常是那些掌握了话语权的意见领袖、活跃在网络舆情一线的自媒体博主。大学生由于社会经验不足，思想尚未成熟，易受到不良媒体的影响和鼓动，无意中成为舆论操控者的"棋子"。

（三）舆情影响具有广泛性与隐蔽性

社交媒体打破了时间、地域等物理层面的阻隔，可以把信息实时、全面地传递给广大受众。校园内人群密度大，舆情事件通常能在极短的时间内对多数人产生影响。大学生由于年龄相仿、生活习惯相似、心智水平相当，具有高度的同质性，加之网络意见领袖的刻意引导，更易达成一致意见，产生心理共鸣，易导致非理性情绪迅速集聚、膨胀，助推舆情危机。在网络空间中，人与人之间的交流沟通、情绪传递等社交活动都能以符号的形式传播，网络的匿名化与去中心化使得舆情给大学生带来的影响不易察觉，呈现出一定的隐蔽性。麦克卢汉认为，虚拟空间中群居的人重新构筑了人类整个精神世界和文化生态③。

第二节　新媒体环境下大学生网络舆情演变过程

进入新媒体时代，各类网络传播平台相继诞生，对高校信息传播起到了较大的推动作用，而网络舆情也随之频繁产生。西南交通大学张月通过对大学生网络舆情与现

---

① 习近平在中共中央政治局第十二次集体学习时强调：推动媒体融合向纵深发展 巩固全党全国人民共同思想基础 [N]. 人民日报，2019-01-26（01）.

② 贝克，刘宁宁，沈天霄. 风险社会政治学 [J]. 马克思主义与现实，2005，（3）：42-43.

③ 麦克卢汉. 理解媒介：论人的延伸 [M]. 何道宽，译. 北京：商务印书馆，2000.

实交互和碰撞过程的分析，将其演变过程分为五个阶段（见图7-1)①。

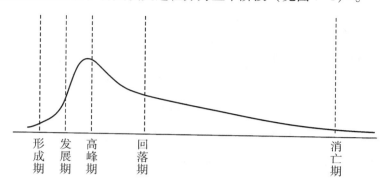

图 7-1 大学生网络舆情演变过程

在网络舆情的形成期，由于事件刚刚发生，很多人还不知道事件发生了，只有很少人接收和讨论事件，网络舆情讨论热度不高。随着事件的发展，人们对事件的关注度不断提升，渴望能够获知事件相关信息，网络舆情就会趁机扩散传播，这一阶段属于发展期。当网络舆情波及的范围越来越广，会有更多的人参与，传播速度再次提升，传播范围再次扩大，网络舆情呈现井喷式状态，进入高峰期。随着官方对突发事件的信息公开，大量真实而准确的信息被广泛公布，网络舆情逐渐进入回落期，公众的理性逐渐恢复，情绪逐渐平复，网络舆情的传播热度逐渐降低，传播速度逐渐减缓。最后，随着时间的推移，事件逐渐平息，网络舆情失去传播的土壤，也逐渐消失。网络舆情形成、发展和爆发的时间很短，往往只需要一两天，但是网络舆情的平息却需要较长的时间。

一、大学生网络舆情的形成

网络舆情的形成，往往以某一具体的公共事件为载体，具有一定的突发性，毫无征兆可言。在舆情形成期，部分人员获取了相关信息，对此产生观点和评论，舆情以信息的方式传播；信息发布后，开始出现利益相关网民的关注和评论。在事件发生后，受影响人群的心理稳定感被打破，如果不能从官方得到及时的反馈，他们就会努力从各种民间渠道寻求小道消息。当常规民意表达渠道无法利用，高度自由的网络就成了人们的选择。大学生对于身边热点事物所表达的观点和看法是个人的独立观点，影响范围较小；但当这一观点传播给更多的大学生并得到认可，会出现大量的跟帖和评论，从而形成网络舆情。另外，现实社会中还存在着不少网络活跃分子，将传统报道引入互联网，形成网络新闻事件，这会吸引大学生的关注和评论，推动网络舆情的发展。随着参与讨论的网民增加，主导舆论方向的意见领袖也随之产生，但其发表的意见往往会经过多次修改演变，导致最初的观点被淹没，而最终的观点与之相差甚远。

2015 年 9 月 4 日，济南大学 2015 级新生正式入学报到。当天 10：30 左右，历史

---

① 张月. 新媒体环境下大学生网络舆情管理对策研究［D］. 成都：西南交通大学，2019.

第七章　大学生网络舆情素养教育

· 97 ·

与文化产业管理学院经济与管理专业的广东籍新生小荣（化名）在经过学校大礼堂时被楼顶坠落的天井盖砸中，当场身亡。当日下午学校贴吧就有人发布题为"是不是有个新生被砸了？"的帖子。这一帖子得到大量学生关注，其中有不少网友声称自己是目击者，并发布了相关的照片。在贴吧中共出现了两个版本，一个是一男一女两人被砸，男生死亡；另一个是母女被砸，女生死亡。事件的突发性与严重性，刺激了人们的好奇心与分享欲，普通学生在还不知晓事情前因后果的情况下就在网上转发帖子，不经意间事件被越来越多的人关注，网络舆情开始形成。

二、大学生网络舆情的发展

随着时间的推移，事件会不断出现新的进展，网络上各种信息也在快速传播，人们的猜疑会逐渐增加，如果官方不能及时发布权威信息，则会引发更多的猜测，导致越来越多的网络谣言肆意扩散，此时网络舆情进入急速发展阶段。

济南大学 2015 级新生被砸身亡一天后，《齐鲁晚报》进行了报道，腾讯网、网易新闻等多家媒体纷纷转载，同时有网友发布关于此事件的微博，引发公众关注。

突发性的信息在网络的快速传播下激发了网民的情绪，在参与评论的人员中出现了强有力的引导者也就是意见领袖，他们能够将事件产生的舆论引导至他们希望的方向，并产生强大的网络舆情。在高校网络舆情中，意见领袖的作用非常明显，他们不仅是舆情的催化剂，也是舆情的引导者。他们利用自身获取的信息，迅速组织网络评论，相关人员则在其带动下参与进来，提升了意见领袖在网络舆论中的地位，从而形成对网络舆情的控制。

三、大学生网络舆情的高峰

9 月 6 日，济南大学 2015 级新生被砸身亡事件已经到了网络媒体关注的高峰，中国经济网、东北法治网、新浪等主流媒体均转载了针对事件本身的新闻报道，大量网友跟帖评论。而微博对事件信息的传播，也吸引了更多用户的关注和讨论。

在网络信息传播达到一定范围、参与人群达到一定数量后，会产生一些意见上的共鸣，从而形成较强的舆论，如果此时公众得不到关于事件处理的更多信息或结果，舆情就会迅速膨胀进入高峰期。随着各类媒体的进一步挖掘，信息传播更加立体化，传播范围更广。信息经过不断传播和整合，新的意见领袖会出现，网络舆论会重新处于稳定状态。羊群效应在网络舆论中是最常见，也是最大的影响因素。意见领袖在羊群效应的作用下，不断提升自身的影响力，从而主导整个舆论的走向。当然，网上也会有一些辟谣的声音，但是这也难以快速消除谣言，因为"沉默的螺旋"已经出现，网上流传的谣言被公众看作主流观点，少数的真实信息反而被淹没。

【羊群效应】在一群羊前面横放一根木棍，第一只羊跳了过去，第二只、第三只也会跟着跳过去；这时，把那根棍子撤走，后面的羊走到这里，仍然像前面的羊一样向上跳一下，尽管拦路的棍子已经不在了。这就是所谓的羊群效应，也称从众心理。

【沉默的螺旋】最早由德国传播学者伊丽莎白·诺埃尔·纽曼在其著作《重归大众传播的强力观》中提出，它是强大效果论最著名的阐释。该理论解释了一个常见的社会现象：人们在表达自己的观点时，会先与别人观点进行比较，如果这个观点受到大多数人认可，即观点处于优势时，则会将其积极表达出来，因此这类观点就会得到更广泛的传播；而如果这个观点只有少数人支持，即处于劣势时，那么出于担心会被社会孤立的心理，人们即便内心赞同它，也会最终选择保持沉默。如此循环往复，就会形成优势观点越来越强大，劣势观点越来越沉默的螺旋式发展过程。

四、大学生网络舆情的回落

为降低网络舆情对学校和政府的负面影响，维护稳定和平的校园环境，校方和政府相关部门会在网络舆情全面爆发后采取相应的应急措施，积极开展互动交流，满足公众知情的需要。这一阶段会有大量准确、真实的事件信息被广泛公布，学生的情绪也逐渐平复，加上学校管理部门加强对舆情制造与传播者的惩罚，使其更不敢进一步制谣传谣。因此，网络事件得以控制，话题的议论热度降低，网络舆情进入回落期。但是如果出现新的观点，又会产生新一轮的舆情。因此，即便是处于这一阶段，相关部门也不能放松管理。

五、大学生网络舆情的消亡

凡事都有头有尾，网络舆情终将走向消亡。当网络舆情进入消亡期，通常会有三个表现。一是学生对该事件的重视度下降。网络谈论是网络舆情的首要来源之一，当学生不再关注该事件时，网络谈论、跟帖、阅览、转发等的数量就会直接减少。二是媒体对事件的重视度下降。媒体对事件报道的次数在逐渐减少，说明本来的论题已失去吸引力，学生再持续谈论就只是喃喃自语，这种态势会使网络舆情因失掉传达动力而减弱。三是网络谈论随着事件的结束而逐渐消失。随着舆情事件的成功应对，人们的情绪和心态也逐渐归于平静，对突发事件的关注度逐渐下降，其视线会转移到其他事情上，网络言论因此逐渐消亡。

第三节　大学生网络舆情素养培养

一、大学生网络舆情的影响

网络舆情给公众提供了一个表达情绪和感受的渠道，这种渠道可以充当社会减压阀，释放社会负面情绪，缓解社会矛盾。但是，新媒体环境下的网络舆情扩散速度快、影响范围广、治理难度大，大学生因自身的道德和认知不够成熟，容易受到群体观点的影响，产生盲从，甚至被利用，从而给校园生活带来不利影响。

（一）扰乱校园教学及生活秩序

新媒体背景下，如果高校出现了突发事件，会在高校范围内迅速发酵。大学生心理不成熟，很容易成为网络舆情的推动力。网络舆情的发酵和蔓延会给高校秩序和学生心理带来影响，情况严重时会打乱正常的教学与生活秩序。此外，当网络舆情逐渐形成规模，但事件的真相却迟迟不出时，人们的不安、焦虑情绪会不断累积，最后可能集中爆发，导致社会秩序失控。

（二）损害学校形象

在网络舆情事件处理过程中，校方和学生一旦出现沟通阻碍，就会产生无法预测的冲突，从而激化矛盾。如果网络空间有人煽动，对事实进行夸大、扭曲，会进一步加剧矛盾冲突，给校园管理带来困难。

（三）加大事件处理难度

突发事件发生后，人们迫切想要了解事件的真实信息，学校和政府需要花费大量的时间和精力开展调查及澄清结果。一旦学校和政府处理不及时，网络中便可能出现质疑甚至指责的声音，这会削弱社会的凝聚力，妨碍整个事件的应急处置进程。大学生会对与切身利益相关的事件产生更多的关注，再加上缺乏社会经验，容易受到网络谣言蛊惑，这给学校和政府的应急工作带来了很大阻力，有可能使事件变得更加严峻和难以处理。

【案例】

学姐查寝事件

2021 年 8 月 31 日，一段黑龙江职业学院学生会工作人员嚣张查寝的网络视频引发关注，被称为"黑社会式"查寝。9 月 1 日，黑龙江职业学院通过微博发布官方回应。称已对 6 名涉事学生进行了通报批评，并在全院范围内召开学生工作正风肃纪主题会议，进行全面整改。

在"学姐查寝事件"中，该校选择了对负面舆情的常用处理方式，效果不理想，引发了争议。视频最初发布在学校新浪微博超话社区时，学校并没有采取主动及时的应对举措，从而错失了舆情引导的最佳时机。一旦治校管校的措施不到位或决策不合理，学生的诉求没有得到公开透明的及时回应，产生不满情绪的大学生就倾向于在网络平台上曝光相关事件，希望通过网民围观迫使学校快速处理问题，从而将本应在学校内部议论消化的问题延伸至网络空间，引发社会各界广泛热议。

二、大学生网络舆情素养提升路径

大学生对网络舆情的关注绝大部分是以自身兴趣爱好为主要推动力。简而言之，大学生独特的个性心理和思维模式才是其接受网络舆情信息的主要内驱因素。因此大学生要学会从自身找原因，提升网络舆情素养，避免主动或被动参与网络舆情。

（一）提升大学生网络媒介素养

大学生编造网络谣言、传播虚假信息、网络盲从等现象，客观上体现了大学生的媒介素养亟待提升。大学生要从甄别信息、分析信息、表达观点等能力的提升中培养媒介素养，坚决抵制网络世界的错误行为和不良思想。首先，大学生要熟悉各种网络平台的特点及使用方法，掌握一定的媒介知识，选择适合自己认知水平和主动放大正能量的媒介。其次，大学生作为信息的接收者和传播者，更要从自身做起，对海量信息进行过滤筛选，在面对内容各异的舆情事件时理性分析，以客观、全面、发展的眼光看待问题。要培养"反沉默的螺旋"能力，主动接收官方媒体、权威媒体发布的信息，提高对网络舆情的辨别能力，学会抵制不良道德观念对思想的侵蚀，自觉坚持和弘扬社会主义核心价值观，在面对大是大非问题时有坚定的立场，能讲真话，敢讲真话。最后，大学生要了解自己在媒介使用过程中发表观点、传递信息所承担的责任，要在知晓事情全貌的基础上用有说服力且得体的语言进行观点表达，并提升自己的思辨能力。

2. 提升大学生价值判断素养

伴随社会的深度转型，大学生的思想价值观念、行为价值取向发生了深刻变化，特别是在互联网多元思想文化的影响及纷繁复杂的媒介信息轰炸下，大学生面临着思想行为的价值判断困境。在大学生突发事件舆情中，大学生们既是网络信息的受众，也可能是网络信息的传播中介，不管充当哪一个角色，都应该有较高的网络信息辨识能力。首先，要树立正确的价值观，形成成熟的媒介伦理道德规范、行为规则意识，把所学的思想道德、法律法规、形势与政策等知识与网络实践相互融通、有机结合，真正成为社会主义核心价值体系的传承者、传播者和实践者。其次，要积极参加思想政治教育实践，做到理论与实践相结合。最后，要强化自我教育，加强对日常校园论坛、学校官方微博微信平台、国家官方媒体等媒介信息的接收、分析，培养理性意识。

（三）提升大学生网络道德素养

当前部分大学生在网络舆论表达中表现出网络暴力、低俗言论等网络失范行为，在一定程度上折射出提升网络伦理道德的迫切性。首先，要增强网络伦理意识，自觉形成运用正确的思维方法对互联网事件或言论进行鉴别和思考的意识。其次，要明确网络行为的对与错、美与丑、善与恶，形成网络行为准则意识。三是形成健全的网络人格，只有不断提升伦理道德辨识能力，道德伦理规范，才能在纷繁复杂的舆论环境中克服非理性冲动，从而实现网络行为的正确抉择。

（四）提升大学生网络法治素养

目前，部分大学生网络法治观念相对淡薄、法治知识较为缺乏，在网络舆论表达过程中会进入道听途说、盲目跟从、偏听偏信的误区。近年来，人肉搜索、恶意辱骂、人身恶性攻击等网络行为屡见不鲜，增强大学生法治观念、规范大学生网络行为和言论变得刻不容缓。首先，要加强法律知识学习，强化对《中华人民共和国网络安全法》《互联网站禁止传播淫秽、色情等不良信息自律规范》《互联网信息服务管理办法》

《中华人民共和国数据安全法》《中华人民共和国个人信息保护法》《关键信息基础设施安全保护条例》等法律法规的认知和理解。要从典型案例中汲取经验教训，增强参与网络舆情的法治意识。其次，要养成运用法治思维和底线思维应对突发网络事件的习惯，要明确在网络环境中意见表达的自由与边界、权利与责任，树立一切服从于法律的权力思维、理性平等的利益思维、依法办事的程序思维、自觉主动的责任思维，切实提高对法治思想的践行能力和对法治规则的运用能力。

【互联网信息服务管理"九不准"及"七条底线"】

"九不准"：《互联网信息服务管理办法》第十五条规定，互联网信息服务提供者不得制作、复制、发布、传播含有下列内容的信息：

（一）反对宪法所确定的基本原则的；

（二）危害国家安全，泄露国家秘密，颠覆国家政权，破坏国家统一的；

（三）损害国家荣誉和利益的；

（四）煽动民族仇恨、民族歧视，破坏民族团结的；

（五）破坏国家宗教政策，宣扬邪教和封建迷信的；

（六）散布谣言，扰乱社会秩序，破坏社会稳定的；

（七）散布淫秽、色情、赌博、暴力、凶杀、恐怖或者教唆犯罪的；

（八）侮辱或者诽谤他人，侵害他们合法权益的；

（九）含有法律、行政法规禁止的其他内容的。

"七条底线"：2013年在国家互联网信息办公室举办的"网络名人社会责任论坛"上，由网络名人达成共识，提出网友应遵守的七条原则。

（一）法律法规底线；

（二）社会主义制度底线；

（三）国家利益底线；

（四）公民合法权益底线；

（五）社会公共秩序底线；

（六）道德风尚底线；

（七）信息真实性底线。

第八章

大学生网络文化素养教育

当前，我国网民的规模已位居世界第一。随着网络和信息技术的发展，互联网日益成为人们特别是年轻一代获取信息的主要途径。在经济全球化的进程中，多元文化和多元世界冲击着人们的观念，给国家和社会发展带来巨大的挑战和深远的影响。网络已是目前各国文化软实力竞争的焦点和意识形态斗争的主战场，而网络文化更是直接影响着人们的思想观念和价值取向。大学生作为具有较高文化层次的特殊青年群体，需要提高网络文化素养，这对于构建风清气正的网络环境具有重要现实意义。

第一节　认识网络文化

一、网络文化的概念

文化兴国运兴，文化强民族强。随着网络技术的发展，人类社会的文化水准、文化产品以及文化行为等都出现了一系列变化，网络文化以一种全新的文化形态呈现在人类面前。

网络文化有广义与狭义之分。广义的网络文化是指网络时代的人类文化，它是人类传统文化、传统道德的延伸和多样化的展现。狭义的网络文化是指建立在计算机技术和网络信息技术以及网络经济基础之上的精神创造活动及其成果，是人们在互联网这个特殊世界中进行的工作、学习、交往、娱乐等活动及其所反映的价值观念和社会心态等的总称，它反映了人的心理状态、思维方式、知识结构、道德修养、价值观念、审美情趣和行为方式等。

综上所述，网络文化就是指网络中具有网络社会特征的文化活动及文化产品，是以网络物质的创造与发展为基础的网络精神创造。随着网络技术的不断发展，人们能深刻地体会到网络文化为生产生活带来的巨大变化和影响。

【网络亚文化】所谓"亚文化"（sub-culture），一般是指区别于"主流"与"中心"的边缘文化，它通常对应于人们心目中那些越轨的、叛逆的青年行为与表达方式。兼具反叛性与先锋性的青年文化与网络媒介的"亲密接触"，造就了"网络亚文化"这一新兴领域。网络亚文化是经网络媒介在特定群体内传播、扩散的文化形态，包括二次元文化、网游文化、网文文化、粉丝文化、嘻哈文化、弹幕文化、鬼畜文化、吐槽文化、短视频文化等。

二、我国网络文化的特点

历史唯物主义认为："历史不外是各个世代的依次交替。每一代都利用以前各代遗留下来的材料、资金和生产力。"① 网络文化作为一种全新的文化形态，也是对人类社会历史上的一切文化成果的继承和创新，不但具有传统意义上文化的一般特点，还具有自身独一无二的鲜明特征。

（一）高度的开放性和世界性

2024 年是互联网诞生 55 周年，也是国际互联网全面进入我国的 30 周年。虽然在早期，网络及网络文化专属于部分高端技术人群或者社会精英阶层，但随着网络技术的普及与进步，网络文化不断打破种种传统界限，成为一种大众文化、全民文化。互联网让世界变成了地球村，互联网也让网络文化走进地球村的每一个角落，在更大范围内推动着思想、文化以及信息的传播和共享。中国文化与世界文化也因此得到了历史性交汇，地域文化与民族文化也因此得到了全球性交流，这充分彰显了网络文化的开放性、世界性。同时，网络文化植根于现代科学技术，并表现出实时、互动、跨境和跨民族传播和共享的特点和趋势。可以说，"网络文化第一次实现了文化的人人参与、全面参与"②。

（二）极强的超越性和相融性

任何新文化形式的诞生和发展，都会打上时代的印记和历史的标识。网络文化作为一种科技文化，特别倡导方便、快速、实时、创新，表现出对传统文化极强的超越性。尽管传统文化的传播方式和表达方式受到了网络文化的强烈冲击，但传统文化又与网络文化创造了共融共生的崭新局面，如地域文化、老字号文化等传统文化借助网络文化载体得到了创造性转化和创新性发展，两者的有效融合和创新发展也创造了新媒体时代中国特有的文化现象。可以说网络文化既根源于传统文化，又与传统文化相融，"通过植入现代文化元素和文化细胞，更符合时代特征"③。

（三）鲜明的人民性和时代性

自 1994 年加入全球互联网大家庭到今天成为名副其实的互联网大国，我国的网络文化不断演进、发展和变化。党和政府高度重视网络文化的建设和发展，就网络文化建设和发展出台了一系列的政策措施，推动我国网络文化积极服务于人民、服务于党

---

① 马克思恩格斯文集（第 1 卷）［M］. 北京：人民出版社，2009：540.
② 汤德品，杨明伟. 军队网络文化建设研究［M］. 北京：社会科学文献出版社，2017：56.
③ 曾静平. 网络文化学［M］. 北京：人民出版社，2018：11.

和国家的大局。习近平总书记多次强调网络文化建设对于人民、国家和社会的重要性，就网络强国、网络空间治理、网络空间安全、信息产业发展、网络国际合作等先后发表许多重要论述。他特别强调："主要媒体要与党和人民同呼吸、与时代共进步"①，要"依法加强网络空间治理，加强网络内容建设……培育积极健康、向上、向善的网络文化"②。我国网络文化建设要以马克思主义为指导，始终努力做到与党和人民同呼吸、与时代共进步，对社会负责、对人民负责。

三、网络文化的功能

网络文化是新兴技术与文化内容的综合体，其功能分析主要从两个方面进行，一方面是从网络的角度看文化，另一方面则是从文化的角度看网络。前者从网络的技术性特点切入，突出技术变革所导致的文化范式变迁。后者主要从文化的特性出发，强调由网络内容的文化属性引发的文化范式转型。

（一）导向性功能

网络文化是一种开放、自由的互动文化，对于加强教育者与广大受众的互动具有引导作用。网络文化传播的途径主要是潜移默化的暗示、因势适时的导向和循规蹈矩的规范。在网络环境中传播的政治、经济、科技、文化等方面的信息，对人们的思想道德、价值观念、行为方式的形成与发展具有一定的导向作用。

（二）传承性功能

网络对于文化的传播起着承上启下的作用，具有更好地保存、传递文化的价值。在人类历史上，文化是随着人类物质生产的进步和文化保存手段的改进而发展和日益丰富的。网络文化以其自身鲜明的特征，开创了文化传承与创新的新途径和新方式。网络文化的传承不是简单的复制，而是包含着某种程度的创新，正是这些创新方式推动和促进了文化的创造性发展和延续性传承。

（三）渗透性功能

网络文化对用户思想的影响是潜移默化的。网络文化的价值体系是多元一体的，它可以包容世界各国、各民族、各地区乃至任何团体与个人的价值观、道德观。网络为人与人的交流提供了技术平台，人们在网上常常隐瞒了个人的真实信息，而网络文化中的价值观、道德观却是在不知不觉中影响用户的认知的。

（四）教育性功能

网络文化与教育从整体上看是双向互动的关系。一方面教育具有传播、选择和促进文化变迁的重要功能，网络文化知识只有通过教育才能得到传承与完善；另一方面教育本身也是一种文化，网络教育又必然集中体现网络文化的存在要求，其每一个环节都深深打上了网络文化的烙印。网络的方便快捷加快了受众对现代科学知识和生活经验的了解与掌握，极大地丰富了教育的内容，拓宽了教育的渠道。受众可以通过网

① 习近平. 习近平谈治国理政（第二卷）［M］. 北京：外文出版社，2017：331.
② 习近平. 习近平谈治国理政（第二卷）［M］. 北京：外文出版社，2017：337.

络文化的传播了解世界各地的文化传统、最先进的科学文化知识、丰富多彩的文学艺术，认识多元文化所组成的多元世界，在潜移默化中接受新的价值观和文化模式，最终实现了教育的功能。

第二节　大学生网络文化异化

网络时代，各种话语相互竞争，网络空间已成为意识形态斗争的主战场和最前沿的领域。一些西方国家企图利用技术上的优势传播其政治思想、文化传统、价值观念和生活方式等，以加强世界人民对其文化的认同，以实现新的文化霸权主义。"网络信息垄断、网络文化攻击和网络语言霸权是网络时代西方国家推行霸权主义的最新表现，这一文化霸权使我们的网络文化阵地不断被侵蚀、文化主权部分地在丧失。"[①] 可见，西方国家利用互联网对我国进行意识形态渗透，使网络文化发生异化，造成部分网民尤其是青年大学生们思想上的混乱。

一、"异化"的基本概念

"异化"是一个哲学术语，在马克思之前，卢梭就提到了"异化"。之后，德国古典哲学家从哲学的角度对异化进行了辩证的考察，探索到了异化问题的核心，即异化是主客体的特殊联系方式：主体以实践的方式创造了客体，客体反过来支配、压制主体。马克思在费希特、黑格尔和费尔巴哈异化论的基础上，在《1844年经济学哲学手稿》中首次提出了"异化劳动"的概念。他认为在异化活动中，人的能动性丧失了，遭到异己的物质力量或精神力量的奴役，人的个性不能全面发展，只能片面或畸形发展。在异化劳动中，劳动者成为"机器的附属物"，成为资本家"挣钱的工具"。然而，进入互联网时代，人类所创造的网络文化在表征人化的同时，也给人类生活带来了物化问题，这表现为以外在物质取代内在精神追求的倾向，使网络文化这一人类创造物出现与其创造者疏离和悖逆的趋势。

网络文化异化，指的是主体过度使用自身创造的网络文化，导致对网络文化的高度依赖。这种高度依赖使网络文化原有的目的与功能发生扭曲和颠覆，演化成为与主体相背离的异己力量，导致主体沉迷于网络文化而难以解脱，缺乏理性自觉，甚至受到伤害，最终反而成为网络文化的工具和被网络文化主宰的客体。

二、大学生网络文化异化的主要表现

随着互联网的高速发展，大学生的思维习惯和行为方式正遭受着来自互联网的影响。基于网络平台的虚拟性与现今高校大学生个人中心主义的双重影响，个别大学生

---

① 豰美妮. 社会主义核心价值观引领网络文化发展研究［J］. 新疆师范大学学报（哲学社会科学版），2013（5）：40-44.

在其中扮演着与现实生活不同的角色，表现出与身份不符的文化素养。他们一方面接受高校给予他们的技能教育，另一方面利用先进的技能知识去破坏高校的网络生态，网络文化异化就是其现实的反映，具体表现如下：

（一）网络语言过度泛化，冲击传统经典文化

"互联网＋"浪潮催生了新一波的网络语言，解构并颠覆了既有的语言规则。青年大学生乐于尝试各种新鲜网络语言，不仅如此，还不断创造新式的语言搭配。这样一种古怪的表征实际上扭曲了中国传统的语言文化，其搭配也完全与语言规则相背离，中国传统文化正不断遭受着挑战。此外，大量网络语言使用缩写、错字、别字，具有极大的模糊性和不确定性，完全背离了人们传统的认知，如将"拍马屁"简写为"PMP"，将"版主"写为"斑竹"，将"丑女"叫作"恐龙"。虽然在特定的情况下它们仍然可以传递信息，但如在社会上广泛使用，则会引发混乱。

（二）网络行为商业化倾向严重，构成主体性的犯罪

大学生可以利用先进的信息技术相对自由地追求着自己的目标，探索自己的兴趣方向，然而也有个别大学生把自己的本领应用于非法领域，网络诈骗、校园裸贷、网络攻击、网络谣言、网络暴力等犯罪行为层出不穷。这种行为严重干扰了社会正常运转秩序，危害了大众的正常生活。例如网络中的某个观点可能会因某人或某机构的幕后策划而被颠倒黑白，最终引发网络暴力事件，造成恶劣的影响。

（三）网络思维负面，突破国家安全红线

"互联网＋"引领的科技融合给高校大学生提供了触手可及的网络资源，有人挖掘有用的信息攻克科研难题，提升竞赛技能，丰富课外知识，积累处世经验；也有人思维碎片化，自我中心与功利思想明显，缺乏整体意识，习惯于以点代面思考问题，表现出极度庸俗、无底线、超自由的特点。如违反网络规定创办公众号传播色情信息，转发受害人的消息进行娱乐造成二次伤害，以匿名的方式公开诋毁、诬蔑他人等事件时有发生，这些事件凸显了当今高校大学生在网络思维方面亟须正能量的影响。

【网络"审丑"】网络"审丑"现象是以各网络平台为载体，以网络红人或网络事件为"审丑"对象，以网络推手和网络水军蓄意炒作为宣传手段，以博取大众眼球。在"万物皆可播"的时代，一些妆造怪异、行为出格、打擦边球的低俗审丑视频屡禁不止，各种低俗行为成为某些人眼中的"流量密码"。大学生要提高自己的判断力和认知能力，"警惕心中的魔鬼"，激励自己向真、向美、向善。

（四）网络价值观混乱，缺乏正确道德观念

"互联网＋"推动了经济全球一体化、世界多极化和社会信息化的加快发展。随着世界范围内思想文化交流、交融、交锋愈加频繁，大学生们的网络价值观也在被影响着，拜金主义、享乐主义盛行，无限制攀比与奢靡之风流行，消费异化现象突出。此外，网络恶搞，利用网络侵犯他人隐私，网络游戏成瘾，都体现出他们价值观的混乱和正确道德观念的缺乏。

【"清朗·'饭圈'乱象整治"专项行动】2021年中央网信办在全国范围内开展了

为期 2 个月的"清朗·'饭圈'乱象整治"专项行动。针对网上"饭圈"的突出问题，重点围绕明星榜单、热门话题、粉丝社群、互动评论等重点环节，全面清理"饭圈"粉丝互撕谩骂、拉踩引战、挑动对立、侮辱诽谤、造谣攻击、恶意营销等各类有害信息，重点打击以下 5 类"饭圈"乱象行为：诱导未成年人应援集资、高额消费、投票打榜等行为；"饭圈"粉丝互撕谩骂、拉踩引战、造谣攻击、人肉搜索、侵犯隐私等行为；鼓动"饭圈"粉丝攀比炫富、奢靡享乐等行为；以号召粉丝、雇用网络水军、"养号"形式刷量控评等行为；通过"蹭热点"、制造话题等形式干扰舆论、影响传播秩序的行为。

三、大学生网络文化异化案例分析

【案例】

"丧文化"流行背后的思考

事件描述：

自 2016 年以来，"小确丧"一词开始风靡网络，"丧文化"大行其道。一家以负能量为调性、名为"丧茶"的奶茶店成了喜茶之后的新晋网红奶茶店。此外，微博、微信等网络社交媒体中也经常出现各类"毒鸡汤"和以颓废、挫败、自嘲为主题的尖刻戏谑段子，"葛优躺"、"悲伤蛙"（Pepe the frog）、"有四肢的咸鱼"、"马男波杰克"等图文表情包更是以其直接的表达深受青年群体的追捧，被广泛运用于网络社交。"丧文化"开始以一种全新的青年亚文化形式流行起来。

案例分析：

"丧文化"作为近年来走红网络的一种青年亚文化现象，深受一些"90 后""00后"的青睐。"丧文化"是指带有颓废、绝望、悲观等情绪和色彩的语言、文字或图画，它是青年亚文化的一种新形式。以"葛优躺"等为代表的"丧文化"的产生和流行，是青年亚文化在新媒体时代的一个缩影，它反映出当前青年的精神特质和集体焦虑，在某种程度上是新时期青年社会心态和社会心理的一个表征。

对于"丧文化"，目前舆论大致有两种观点：一种是"侵蚀腐化论"，认为"丧文化"会摧毁青年人的精神世界，危害青年人的个人成长和社会和谐；另一种是"温柔反抗论"，认为"丧文化"是"社会问题的一种反映"，是"年轻人向他们所生活的社会和世界提出温柔的反抗"，主流社会应该报以同情和理解。尽管这两种看法相悖，但它们皆希望人们重视"丧文化"。

"丧文化"的兴起离不开青年群体对新兴文化的好奇感与新鲜感，在一定程度上存在娱乐性。虽然"丧文化"不会真正使大学生群体彻底萎靡消极、麻木不仁，但此种对压力报以消极态度的做法也是不应被提倡的。"丧文化"是大学生群体宣泄消极情绪的一种表达形式，但大学生群体仍要注意把握方式方法，在一定程度和适当范围内宣泄负面情绪，切不可在"丧文化"中消沉。在 2019 年 3 月召开的学校思想政治理论课教师座谈会上，习近平总书记强调："青少年阶段是人生的'拔节孕穗期'，最需要精心引导和栽培。"高校大学生作为青年群体中思想最为活跃的组成部分，更要正确认知"丧文化"，形成正确的世界观、人生观、价值观，真正肩负起时代赋予的社会责任。

一方面，大学生要做到网络行为自律，在日常上网过程中自觉遵守网络道德和网络法律法规，培养自身良好的网络行为习惯，杜绝各种形式的网络攻击，不造谣，不传谣，理性评论，自觉抵制不良网站的侵蚀，充分保持健康成长的自觉性，以积极的姿态践行社会主义核心价值观，树立自信心与远大理想，理性看待自己的社会地位，逐渐摆脱遇"难"则"丧"的定律，减少自身对生活消极应对的状态，避免出现所谓的"莫名丧"情绪。

另一方面，大学生应合理规划上网时间，处理好网络虚拟世界与现实世界的关系，避免由于过度使用手机成为"低头族"，忽略与同学、亲人的交流沟通，以及对自身健康造成的负面影响。同时，大学生应该不断提升自我学习能力，提高网络社交素养和明辨是非的能力，学会辨别网络信息的真伪，对网络信息中的是非、善恶与美丑有基本的判断，避免在错误舆论的误导下迷失自我，被西方腐朽文化侵蚀。

总之，身为新时代的青年大学生，要树立正确的网络观，弘扬社会主流文化，宣传社会主义核心价值观，减少"丧文化"的线上参与和传播，避免"丧文化"的负面影响，将网络舆论向积极的方向引导。

第三节　大学生网络文化素养提升

互联网的发展考验着大学生的网络文化素养。在当前社会经济全球化的时代，互联网不仅是技术、产业和媒体，更是政治、意识形态和文化。在网络快速发展的同时，出现了价值观混乱、道德失范、文化冲突等问题。作为新时代的大学生，面对复杂多变的网络文化竞争和网络空间意识形态斗争，要坚决用中国文化、中国理念、中国智慧去占领网络文化空间，以强大的精神力量和文化效应抵御异质意识形态的渗透。

网络文化素养培育的主要是网民在网络信息环境下必备的能力：一是信息选择能力。网络时代信息纷繁复杂，大学生需要学会控制信息获取的数量，避免信息超载和信息异化。二是信息鉴别能力。在互联网上，面对庞大的信息流，大学生需要学会鉴别信息的真伪，避免被虚假信息误导。三是内容评价能力。一切信息背后都有价值观的引导，面对各种网络观点，大学生需要学会客观评价和判断，不盲目跟风，保持独立思考。网络文化素养是大学生急需掌握和加强的一种综合能力，网络文化素养培育有助于引导大学生正确认识世界，正确融入和改造世界。

一、大学生网络文化素养提升原则

网络文化素养作为影响大学生成长成才的重要因素，其养成和提升需要毫不动摇地坚持马克思主义，以习近平新时代中国特色社会主义思想为指导，积极践行社会主义核心价值观，倡导正能量，传播真善美，力争形成健康积极向上的网络文化。

（一）毫不动摇地坚持马克思主义

习近平总书记在庆祝中国共产党成立100周年大会上指出："新的征程上，坚持把马克思主义基本原理同中国具体实际相结合、同中华优秀传统文化相结合，用马克思主义观察时代、把握时代、引领时代，继续发展当代中国马克思主义、21世纪马克思主义。中国共产党为什么能，中国特色社会主义为什么好，归根到底是因为马克思主义行！"[1] 回顾我们党百年的艰辛与辉煌的历程，历史和实践都充分证明，党和国家各项事业发展必须坚持马克思主义的指导地位。当今各种网络文化信息的交流交融交锋对人们的思想价值体系产生了极大的冲击，我们党把网络意识形态工作当作重中之重来抓，正是坚持了马克思主义基本原理做出的重大决策和战略部署。大学生网络文化素养养成要毫不动摇地坚持马克思主义，如果离开了马克思主义的指导，网络文化的话语权将会倒戈，将会发生更加隐秘的"颜色革命"，我们党将面临失去网络文化阵地的风险，甚至影响中国特色社会主义事业发展的全局。

（二）以习近平新时代中国特色社会主义思想为指导

习近平新时代中国特色社会主义思想是对马克思列宁主义、毛泽东思想和中国特色社会主义理论体系的充分继承和创新发展，是马克思主义中国化的最新理论成果，是当代中国马克思主义、21世纪马克思主义，是党和人民理论创新和实践经验的智慧结晶，理所当然成为全党全国人民的指导思想和行动指南，党和国家各项事业的长足发展都要以习近平新时代中国特色社会主义思想为根本的指导思想和基本遵循。网络文化素养培育工作也不例外。网络文化素养培育工作要坚持以习近平新时代中国特色社会主义思想为指导，贯彻落实习近平总书记关于网络强国的重要思想和关于精神文明建设的重要论述，大力弘扬社会主义核心价值观，全面推进文明办网、文明用网、文明上网、文明兴网，推动形成适应新时代网络文明建设要求的思想观念、文化风尚、道德追求、行为规范，引导广大网民遵德守法、文明互动、理性表达，引导全社会争做中国好网民，提升网络文明素养，净化网络环境，为全面建设社会主义现代化国家、实现第二个百年奋斗目标创造良好的网络文化空间和条件。

（三）积极践行社会主义核心价值观

党的二十大报告指出："社会主义核心价值观是凝聚人心、汇聚民力的强大力量。"[2] 在思想文化复杂多变的网络空间，更要以社会主义核心价值观营造风清气正的网络氛围，在广大网民中凝聚共识。社会主义核心价值观内涵丰富、意蕴深远，具有很强的思想性、实践性，是社会主义文化建设的灵魂和精髓，也是中国特色社会主义

---

① 习近平. 在庆祝中国共产党成立100周年大会上的讲话［M］. 北京：人民出版社，2021：13.
② 习近平. 高举中国特色社会主义伟大旗帜 为全面建设社会主义现代化国家而团结奋斗-在中国共产党第二十次全国代表大会上的报告［EB/OL］.（2022-10-25）［2024-08-13］.https://www.gov.cn/xinwen/2022-10/25/content_5721685.htm.

网络文化建设的核心和关键。大学生必须以社会主义核心价值观为指引，在辨别中甄选，在甄选中协调，在协调中引导，在引导中整合，以促进中国特色社会主义网络文化实践体系的构建和健康发展。

二、大学生网络文化素养提升路径

大学生网络文化素养养成和提升工作是大学生网络思想政治教育的关键内容和应有之义。中共中央、国务院联合发布的《中长期青年发展规划（2016—2025年）》特别强调要"把互联网作为开展青年思想教育的重要阵地""在青年群体中广泛开展网络素养教育，引导青年科学、依法、文明、理性用网"[①]。

（一）正确认识网络文化，提高网络认知能力

当今世界正处在大发展、大变革、大调整时期，世界多极化、经济全球化、社会信息化、文化多样化深入发展，各种思想文化交流、交融、交锋更加频繁。新时代大学生要正确认识网络文化，提高网络文化素养，自觉传承、弘扬中华优秀传统文化。习近平总书记指出："国无德不兴，人无德不立。一个民族、一个人能不能把握自己，很大程度上取决于道德价值。如果我们的人民不能坚持在我国大地上形成和发展起来的道德价值，而不加区分、盲目地成为西方道德价值的应声虫，那就真正要提出我们的国家和民族会不会失去自己的精神独立性的问题了。如果没有自己的精神独立性，那政治、思想、文化、制度等方面的独立性就会被釜底抽薪。"[②] 可见，正确认识网络文化，提高网络认知能力，是对中华文化的理性认知和深沉自信。

（二）加强网络自我评价，养成网络自律精神

大学生在网络生活中应当加强网络自我评价，将网络观内化于心，并外化于行，自觉规范自身的网络行为。大学生在养成网络自律精神的过程中，要发挥"慎独"精神，做好自我教育、自我管理、自我发展，做到自觉遵守法律法规和道德规范，自觉接受社会主义核心价值观教育，养成良好的上网习惯，为自己树立起坚固的网络防火墙。一旦具备这种高素质和高修养，面对芜杂的网络信息，就能够坚持客观辩证的精神对之理性甄别，自觉地对之进行价值排序、价值判断和价值选择；面对复杂的网络舆情，也能够坚定自我，独立判断，理性而客观地表达意见或见解；面对丰富多彩的网络生活，也能够处理好自我与网络技术的关系，把网络技术作为自我完善和发展的手段。

（三）充分发挥主观能动性，创造网络文化新产品

习近平总书记指出："中国正在实施'互联网+'行动计划，推进'数字中国'建

① 中共中央国务院印发《中长期青年发展规划（2016—2025年）》[EB/OL].（2017-04-14）[2023-08-16].http://www.xinhuanet.com/politics/2017-04/14/c_1120806695_2.htm.
② 丁国强.习近平谈治国理政的启示[EB/OL].（2014-10-10）[2023-08-16].https://news.12371.cn/2014/10/10/ARTI1412928210702998.shtml.

设，发展分享经济，支持基于互联网的各类创新，提高发展质量和效益"①。新时代的大学生，不仅是网络文化的接受者，更是创造网络文化的主体，要顺应社会时代发展的潮流，积极投身到网络文化产品的创造中来，坚决抵制网络文化的低俗化、庸俗化，切实维护好网络文化空间的清洁。大学生要充分利用网络文化产品的发展优势，创造反映中国文化特色的相关产品，依据趣味性与教育性相结合、经济效益与社会效益相结合的原则，自主创新以中国文化为内核的网络文化产品，最终形成具有中国文化内涵的网络文化新产品，实现提升自身网络文化素养的目标。

（四）深度融合传统文化，更好赋能美好生活

近年来，为了让人们更多地关注传统节日和传统文化，短视频、网综节目等互联网产品不断创新，并与传统文化进行深度融合，打造出了一些"爆款"产品，刷爆了社交平台。在互联网时代，传统文化与互联网产品的结合实现了文化价值与商业价值的双丰收，也让更多的互联网一代重新认识和了解传统文化。一方面，不少互联网巨头通过新技术传承，让中国文化的丰厚遗产"活起来"，挖掘和创造出新的文化符号。另一方面，互联网平台除了自身要在为传统文化"活起来"进行各方面的尝试以外，更要赋能传统文化，让更多传统文化拥有符合时代元素的传播平台，助力传统文化的传承和发展。例如，"故宫淘宝"和"故宫文创"均在微博宣布进军彩妆界，推出故宫文创产品；《中国诗词大会》《国家宝藏》等一系列文化类综艺让传统文化回归大众视野，让更多的受众尤其是年轻用户感受到中华文化的博大精深，并积极参与文化符号的传承。

三、新时代呼唤新气象，新作为彰显新担当

21世纪以来，互联网技术及其应用飞速发展，全世界由此日益成为我中有你、你中有我的"地球村"，网络社会深刻改变着人类的思维、生产、生活和学习方式。习近平总书记曾指出："互联网是二十世纪最伟大的发明之一，给人们的生产生活带来巨大变化，对很多领域的创新发展起到很强带动作用。"② 但众所周知，任何技术都是利弊同在的，互联网技术也不例外。互联网技术是一把双刃剑，在给网络文化发展提供便利的同时，也为各种违法犯罪行为提供了温床，导致许多虚假、诈骗、攻击、谩骂、恐怖、色情和暴力的不良现象和负面信息在网络空间得到蔓延和扩展。特别是近年来，"祖安文化""黑客文化""饭圈文化"等庸俗、低俗和媚俗的文化借助互联网平台兴风作浪，对广大网民尤其是大学生产生了错误的价值导向和行为导向。网络文化作为承载社会的风尚习气、人们的思想观念和公众的审美情趣的重要载体，对广大人民群众价值观念的形成和发展影响巨大。

新时代在呼唤大学生网络文化素养的新气象，大学生要提升网络信息环境下对信

---

① 习近平在第二届世界互联网大会开幕式上的讲话［EB/OL］.（2015-12-16）［2023-08-16］.http://www.xin-huanet.com/politics/2015-12/16/c_1117481089.htm.

② 中共中央党史和文献研究院.习近平关于网络强国论述摘编［G］.北京：中央文献出版社，2021：130.

息的选择、辨别和行为选择的能力，做到能够选择自己真正需要的信息，对信息的性质、本质有正确的辨别，能够保持正确的价值取向，不轻易被他人"带节奏"，最后在网络上或者现实生活中做出正确的选择，避免违法犯罪或有损国家安全利益的行为。面对互联网技术的飞速发展和现代信息技术的广泛应用，国家安全和社会稳定也越来越与网络和信息安全相关联，成为治国理政面临的新的综合性挑战。习近平总书记曾指出："网络安全和信息化对一个国家很多领域都是牵一发而动全身的"①，"网络安全威胁和风险日益突出，并且日益向政治、经济、文化、社会、生态、国防等领域传导渗透"②。可见，包括网络文化安全在内的网络安全，已经成为影响国家安全和社会稳定的重要因素。新时代大学生要努力提升自身的网络文化素养，不辱时代赋予的责任，彰显新作为和新担当。

总之，新时代大学生是与网络共成长的一代，其生活方式、交往方式、思维模式呈现出与互联网共生共融的新态势。在党的二十大以"中国式现代化"全面开启建设社会主义现代化国家、向第二个百年奋斗目标进军的新征程中，新时代呼唤大学生提升网络文化素养，号召广大青年大学生要敢于直面互联网的风险挑战，抓住个人发展的黄金机遇期，立志成长为新时代具备互联网素质和能力的社会主义建设者和接班人，为实现中华民族伟大复兴贡献自己的力量。

---

①　中共中央党史和文献研究院. 习近平关于网络强国论述摘编［G］. 北京：中央文献出版社，2021：89.
②　中共中央党史和文献研究院. 习近平关于网络强国论述摘编［G］. 北京：中央文献出版社，2021：90.

参考文献

[1] 习近平. 在网络安全和信息化工作座谈会上的讲话 [N]. 人民日报, 2016-04-26 (01).

[2] 方兴东, 钟祥铭, 彭筱军. 草根的力量: "互联网" (Internet) 概念演进历程及其中国命运: 互联网思想史的梳理 [J]. 新闻与传播研究, 2019 (8): 43-61, 127.

[3] 李柳君, 鲁俊群. 中国 Web3.0 战略发展路径浅析 [J]. 科技导报, 2023 (15): 61-68.

[4] 方兴东、陈帅. 中国互联网 25 年 [J]. 现代传播, 2019 (4): 1-10.

[5] 第 52 次《中国互联网发展状况统计报告》发布 [EB/OL]. (2023-08-28) [2023-09-13]. https://cnnic.cn/n4/2023/0828/c199-10830.html.

[6] 李璐. 网络新媒体时代下加强高校思想政治工作的研究 [J]. 科学咨询 (科技·管理), 2019 (33): 12-13.

[7] 沈壮海, 刘晓亮, 司文超. 中国大学生思想政治教育发展报告 [M]. 北京: 高等教育出版社, 2023.

[8] 李燕, 袁逸佳, 陈艺贞. "互联网+" 时代大学生网络素养提升的多维路径探析 [J]. 黑龙江教育. 2016 (3): 1-10.

[9] 曾振华. 大学生网络素养教育 [M]. 天津: 天津科学技术出版社, 2023.

[10] 苟铃珠. 网络对新时代大学生的消极影响及防范 [J]. 兰州大学报, 2020 (7): 1-5.

[11] 张磊, 从 "知网、懂网" 到 "善于用网": 对我国部分高校本科生网络素养的调研报告 [EB/OL] (2019-07-19) [2023-10-31] http://www.cac.gov.cn/2019-07/29/c_1124810117.htm.

[12] 王炎龙. 网络语言的传播与控制研究: 兼论未成年人网络素养教育 [M]. 成都: 四川大学出版社, 2009.

[13] 张荣. 重塑与转型: 网络消费对社会结构的影响 [M]. 北京: 知识产权出版社, 2023.

［14］三浦展. 第四消费时代［M］. 北京：东方出版社，2022.

［15］李明芳，薛景梅. B2C 网络零售情境中消费者退货行为研究［M］. 北京：经济科学出版社，2021.

［16］赵卫华. 改革开放40年我国消费领域的七大变化［N］. 北京日报，2018-11-26（20）.

［17］黄璐. 网络经济中的消费行为：发展、演化与企业对策［M］. 四川：四川大学出版社，2018.

［18］肖涧松. 消费心理学［M］北京：高等教育出版社，2016.

［19］郭懿美，蔡庆辉. 电子商务法［M］. 厦门：厦门大学出版社，2013.

［20］杨扬，金环. 探究电子商务对大学生消费观的影响［J］. 时代金融，2018（17）：272.

［21］梁爱凝. 电子商务的产生发展及对大学生的影响［J］. 产业与科技论坛，2016（19）：110-111.

［22］郝运. 浅谈电子商务对大学生消费观的影响［J］. 电子商务，2014（1）：112.

［23］张丽. 在校大学生被诈骗现状及防范策略［J］. 湖北警官学院学报，2011（1）：73-75.

［24］高雪梅，刘芙渠. 互联网心理：网络心理透视镜［M］. 重庆：西南师范大学出版社，2020.

［25］颜卫东. 大学生网络心理问题及教育对策研究［D］. 青岛：中国海洋大学，2014.

［26］彭玉蓉. "微时代"大学生网络心理问题及对策研究［D］. 天津：天津工业大学，2017.

［27］金盛华. 社会心理学［M］. 北京：高等教育出版社，2020.

［28］王娜. 大学生网络心理与思想政治教育研究［D］. 大连：大连理工大学，2003.

［29］莫莉秋. 网络环境下大学生心理健康以及教育对策的研究［D］. 西宁：青海师范大学，2018.

［30］黄希庭，郑涌. 心理学导论［M］. 北京：人民教育出版社，2015.

［31］王玲. 变态心理学［M］. 广州：广东高等教育出版社，2005.

［32］王芳. "网"事知多少：网络心理与成瘾分析［M］. 上海：复旦大学出版社，2011.

［33］雷雳. 青少年网络心理解析［M］. 北京：开明出版社，2012.

［34］曾振华. 大学生网络素养教育［M］. 天津：天津科学技术出版社，2023.

［35］钱婷婷，张艳萍. 大学生网络社交中的道德风险与应对：基于网络心理行为的研究［J］. 高校辅导员，2020（2）：70-75.

参考文献

［36］ 2023 中国社交媒体平台指南［EB/OL］.（2023-07-15）［2023-10-22］.https://finance.sina.com.cn/wm/2023-07-15/doc-imzatxst4119212. shtml.

［37］ 王星.“00 后”大学生网络行为特点及其价值引导研究［D］.长春：东北师范大学，2023.

［38］ 吕婧.大学生网络失范行为的现实表征及其教育治理策略研究［D］.沈阳：辽宁师范大学，2023.

［39］ 钱婷婷，张艳萍.大学生网络社交中的道德风险与应对：基于网络心理行为的研究［J］.高校辅导员，2022（2）：70-75.

［40］ 方楠.网络社交“圈层化”对大学生的影响及教育对策：基于福建高校大学生的调查研究［J］.锦州医科大学学报（社会科学版），2020，18（1）：63-67.

［41］ 宋琦.微信对大学生人际交往的影响探究［J］.宁波教育学院学报，2016，18（4）：27-31.

［42］ 曹丹.大学生网络社交行为特征与引导策略探析［J］.文教资料，2012（15）：152-154.

［43］ 王大纲.当代高职大学生网络素养现状调查与分析［J］.职大学报，2021（5）：91-94.

［44］ 中共中央宣传部舆情信息局.网络舆情信息工作理论与实务［M］.北京：学习出版社，2009.

［45］ 赵志博.大学生网络舆情的现状及引导研究［D］.沈阳：辽宁大学，2021.

［46］ 习近平在中共中央政治局第十二次集体学习时强调：推动媒体融合向纵深发展 巩固全党全国人民共同思想基础［N］.人民日报，2019-01-26（1）.

［47］ 贝克，刘宁宁，沈天霄.风险社会政治学［J］.马克思主义与现实，2005（3）.

［48］ 麦克卢汉.理解媒介：论人的延伸［M］.何道宽，译.北京：商务印书馆，2000.

［49］ 张月.新媒体环境下大学生网络舆情管理对策研究［D］.成都：西南交通大学，2019.

［50］ 中共中央马克思恩格斯列宁斯大林著作编译局.马克思恩格斯文集（第 1卷）［M］.北京：人民出版社，2009.

［51］ 金振邦.从传统文化到网络文化［M］.长春：东北师范大学出版社，2001.

［52］ 李宇，姬凌岩.中国网络社会治理［M］.北京：经济科学出版社，2019.

［53］ 汤德品，杨明伟.军队网络文化建设研究［M］.北京：社会科学文献出版社，2017.

［54］ 曾静平.网络文化学［M］.北京：人民出版社，2018.

［55］ 习近平.习近平谈治国理政（第二卷）［M］.北京：外文出版社，2017.

［56］ 虢美妮.社会主义核心价值观引领网络文化发展研究［J］.新疆师范大学学

报（哲学社会科学版），2013（5）：40-44.

　　［57］习近平. 在庆祝中国共产党成立100周年大会上的讲话［M］. 北京：人民出版社，2021.

　　［58］习近平. 习近平谈治国理政（第三卷）［M］. 北京：外文出版社，2020.

　　［59］中共中央党史和文献研究院. 习近平关于网络强国论述摘编［M］. 北京：中央文献出版社，2021.

附　录

在第二届世界互联网大会开幕式上的讲话

（2015 年 12 月 16 日，乌镇）

中华人民共和国主席　习近平

尊敬的侯赛因总统，

尊敬的梅德韦杰夫总理，

尊敬的马西莫夫总理，

尊敬的萨里耶夫总理，

尊敬的拉苏尔佐达总理，

尊敬的阿齐莫夫第一副总理，

尊敬的索瓦莱尼副首相，

尊敬的吴红波副秘书长，

尊敬的赵厚麟秘书长，

尊敬的施瓦布先生，

各位部长，各位大使，

各位嘉宾，各位朋友：

欢迎各位嘉宾来到美丽的乌镇，共商世界互联网发展大计。首先，我谨代表中国政府和中国人民，并以我个人的名义，对各位嘉宾出席第二届世界互联网大会，表示热烈的欢迎！对大会的召开，表示热烈的祝贺！

我曾在浙江工作多年，多次来过乌镇。今天再次来到这里，既感到亲切熟悉，又感到耳目一新。去年，首届世界互联网大会在这里举办，推动了网络创客、网上医院、智慧旅游等快速发展，让这个白墙黛瓦的千年古镇焕发出新的魅力。乌镇的网络化、智慧化，是传统和现代、人文和科技融合发展的生动写照，是中国互联网创新发展的一个缩影，也生动体现了全球互联网共享发展的理念。

纵观世界文明史,人类先后经历了农业革命、工业革命、信息革命。每一次产业技术革命,都给人类生产生活带来巨大而深刻的影响。现在,以互联网为代表的信息技术日新月异,引领了社会生产新变革,创造了人类生活新空间,拓展了国家治理新领域,极大提高了人类认识世界、改造世界的能力。互联网让世界变成了"鸡犬之声相闻"的地球村,相隔万里的人们不再"老死不相往来"。可以说,世界因互联网而更多彩,生活因互联网而更丰富。

中国正处在信息化快速发展的历史进程之中。中国高度重视互联网发展,自21年前接入国际互联网以来,我们按照积极利用、科学发展、依法管理、确保安全的思路,加强信息基础设施建设,发展网络经济,推进信息惠民。同时,我们依法开展网络空间治理,网络空间日渐清朗。目前,中国有6.7亿网民、413万多家网站,网络深度融入经济社会发展、融入人民生活。

中共十八届五中全会提出了创新、协调、绿色、开放、共享的发展理念。"十三五"时期,中国将大力实施网络强国战略、国家大数据战略、"互联网+"行动计划,发展积极向上的网络文化,拓展网络经济空间,促进互联网和经济社会融合发展。我们的目标,就是要让互联网发展成果惠及13亿多中国人民,更好造福各国人民。

各位嘉宾、各位朋友!

随着世界多极化、经济全球化、文化多样化、社会信息化深入发展,互联网对人类文明进步将发挥更大促进作用。同时,互联网领域发展不平衡、规则不健全、秩序不合理等问题日益凸显。不同国家和地区信息鸿沟不断拉大,现有网络空间治理规则难以反映大多数国家意愿和利益;世界范围内侵害个人隐私、侵犯知识产权、网络犯罪等时有发生,网络监听、网络攻击、网络恐怖主义活动等成为全球公害。面对这些问题和挑战,国际社会应该在相互尊重、相互信任的基础上,加强对话合作,推动互联网全球治理体系变革,共同构建和平、安全、开放、合作的网络空间,建立多边、民主、透明的全球互联网治理体系。

推进全球互联网治理体系变革,应该坚持以下原则。

——尊重网络主权。《联合国宪章》确立的主权平等原则是当代国际关系的基本准则,覆盖国与国交往各个领域,其原则和精神也应该适用于网络空间。我们应该尊重各国自主选择网络发展道路、网络管理模式、互联网公共政策和平等参与国际网络空间治理的权利,不搞网络霸权,不干涉他国内政,不从事、纵容或支持危害他国国家安全的网络活动。

——维护和平安全。一个安全稳定繁荣的网络空间,对各国乃至世界都具有重大意义。在现实空间,战火硝烟仍未散去,恐怖主义阴霾难除,违法犯罪时有发生。网络空间,不应成为各国角力的战场,更不能成为违法犯罪的温床。各国应该共同努力,防范和反对利用网络空间进行的恐怖、淫秽、贩毒、洗钱、赌博等犯罪活动。不论是商业窃密,还是对政府网络发起黑客攻击,都应该根据相关法律和国际公约予以坚决打击。维护网络安全不应有双重标准,不能一个国家安全而其他国家不安全,一部分

国家安全而另一部分国家不安全，更不能以牺牲别国安全谋求自身所谓绝对安全。

——促进开放合作。"天下兼相爱则治，交相恶则乱。"完善全球互联网治理体系，维护网络空间秩序，必须坚持同舟共济、互信互利的理念，摒弃零和博弈、赢者通吃的旧观念。各国应该推进互联网领域开放合作，丰富开放内涵，提高开放水平，搭建更多沟通合作平台，创造更多利益契合点、合作增长点、共赢新亮点，推动彼此在网络空间优势互补、共同发展，让更多国家和人民搭乘信息时代的快车、共享互联网发展成果。

——构建良好秩序。网络空间同现实社会一样，既要提倡自由，也要保持秩序。自由是秩序的目的，秩序是自由的保障。我们既要尊重网民交流思想、表达意愿的权利，也要依法构建良好网络秩序，这有利于保障广大网民合法权益。网络空间不是"法外之地"。网络空间是虚拟的，但运用网络空间的主体是现实的，大家都应该遵守法律，明确各方权利义务。要坚持依法治网、依法办网、依法上网，让互联网在法治轨道上健康运行。同时，要加强网络伦理、网络文明建设，发挥道德教化引导作用，用人类文明优秀成果滋养网络空间、修复网络生态。

各位嘉宾、各位朋友！

网络空间是人类共同的活动空间，网络空间前途命运应由世界各国共同掌握。各国应该加强沟通、扩大共识、深化合作，共同构建网络空间命运共同体。对此，我愿提出5点主张。

第一，加快全球网络基础设施建设，促进互联互通。网络的本质在于互联，信息的价值在于互通。只有加强信息基础设施建设，铺就信息畅通之路，不断缩小不同国家、地区、人群间的信息鸿沟，才能让信息资源充分涌流。中国正在实施"宽带中国"战略，预计到2020年，中国宽带网络将基本覆盖所有行政村，打通网络基础设施"最后一公里"，让更多人用上互联网。中国愿同各方一道，加大资金投入，加强技术支持，共同推动全球网络基础设施建设，让更多发展中国家和人民共享互联网带来的发展机遇。

第二，打造网上文化交流共享平台，促进交流互鉴。文化因交流而多彩，文明因互鉴而丰富。互联网是传播人类优秀文化、弘扬正能量的重要载体。中国愿通过互联网架设国际交流桥梁，推动世界优秀文化交流互鉴，推动各国人民情感交流、心灵沟通。我们愿同各国一道，发挥互联网传播平台优势，让各国人民了解中华优秀文化，让中国人民了解各国优秀文化，共同推动网络文化繁荣发展，丰富人们精神世界，促进人类文明进步。

第三，推动网络经济创新发展，促进共同繁荣。当前，世界经济复苏艰难曲折，中国经济也面临着一定下行压力。解决这些问题，关键在于坚持创新驱动发展，开拓发展新境界。中国正在实施"互联网+"行动计划，推进"数字中国"建设，发展分享经济，支持基于互联网的各类创新，提高发展质量和效益。中国互联网蓬勃发展，为各国企业和创业者提供了广阔市场空间。中国开放的大门永远不会关上，利用外资的政策不会变,对外商投资企业合法权益的保障不会变,为各国企业在华投资兴业提供更好服务的方向不会变。只要遵守中国法律,我们热情欢迎各国企业和创业者在华投资兴业。我们愿意同各国加强合作,通过发展跨境电子商务、建设信息经济示范区等,促进世界范围内投资和贸易发展,推动全球数字经济发展。

第四,保障网络安全,促进有序发展。安全和发展是一体之两翼、驱动之双轮。安全是发展的保障,发展是安全的目的。网络安全是全球性挑战,没有哪个国家能够置身事外、独善其身,维护网络安全是国际社会的共同责任。各国应该携手努力,共同遏制信息技术滥用,反对网络监听和网络攻击,反对网络空间军备竞赛。中国愿同各国一道,加强对话交流,有效管控分歧,推动制定各方普遍接受的网络空间国际规则,制定网络空间国际反恐公约,健全打击网络犯罪司法协助机制,共同维护网络空间和平安全。

第五,构建互联网治理体系,促进公平正义。国际网络空间治理,应该坚持多边参与、多方参与,由大家商量着办,发挥政府、国际组织、互联网企业、技术社群、民间机构、公民个人等各个主体作用,不搞单边主义,不搞一方主导或由几方凑在一起说了算。各国应该加强沟通交流,完善网络空间对话协商机制,研究制定全球互联网治理规则,使全球互联网治理体系更加公正合理,更加平衡地反映大多数国家意愿和利益。举办世界互联网大会,就是希望搭建全球互联网共享共治的一个平台,共同推动互联网健康发展。

各位嘉宾、各位朋友!

"凡益之道,与时偕行。"互联网虽然是无形的,但运用互联网的人们都是有形的,互联网是人类的共同家园。让这个家园更美丽、更干净、更安全,是国际社会的共同责任。让我们携起手来,共同推动网络空间互联互通、共享共治,为开创人类发展更加美好的未来助力!

最后,预祝大会取得圆满成功!

谢谢大家。

中华人民共和国网络安全法

（2016 年 11 月 7 日第十二届全国人民代表大会常务委员会第二十四次会议通过）

目　录

第一章　总则

第一条　为了保障网络安全，维护网络空间主权和国家安全、社会公共利益，保护公民、法人和其他组织的合法权益，促进经济社会信息化健康发展，制定本法。

第二条　在中华人民共和国境内建设、运营、维护和使用网络，以及网络安全的监督管理，适用本法。

第三条　国家坚持网络安全与信息化发展并重，遵循积极利用、科学发展、依法管理、确保安全的方针，推进网络基础设施建设和互联互通，鼓励网络技术创新和应用，支持培养网络安全人才，建立健全网络安全保障体系，提高网络安全保护能力。

第四条　国家制定并不断完善网络安全战略，明确保障网络安全的基本要求和主要目标，提出重点领域的网络安全政策、工作任务和措施。

第五条　国家采取措施，监测、防御、处置来源于中华人民共和国境内外的网络安全风险和威胁，保护关键信息基础设施免受攻击、侵入、干扰和破坏，依法惩治网络违法犯罪活动，维护网络空间安全和秩序。

第六条　国家倡导诚实守信、健康文明的网络行为，推动传播社会主义核心价值观，采取措施提高全社会的网络安全意识和水平，形成全社会共同参与促进网络安全的良好环境。

第七条　国家积极开展网络空间治理、网络技术研发和标准制定、打击网络违法犯罪等方面的国际交流与合作，推动构建和平、安全、开放、合作的网络空间，建立多边、民主、透明的网络治理体系。

第八条　国家网信部门负责统筹协调网络安全工作和相关监督管理工作。国务院电信主管部门、公安部门和其他有关机关依照本法和有关法律、行政法规的规定，在各自职责范围内负责网络安全保护和监督管理工作。

县级以上地方人民政府有关部门的网络安全保护和监督管理职责，按照国家有关规定确定。

第九条　网络运营者开展经营和服务活动，必须遵守法律、行政法规，尊重社会公德，遵守商业道德，诚实信用，履行网络安全保护义务，接受政府和社会的监督，承担社会责任。

第十条　建设、运营网络或者通过网络提供服务，应当依照法律、行政法规的规定和国家标准的强制性要求，采取技术措施和其他必要措施，保障网络安全、稳定运行，有效应对网络安全事件，防范网络违法犯罪活动，维护网络数据的完整性、保密性和可用性。

第十一条　网络相关行业组织按照章程，加强行业自律，制定网络安全行为规范，指导会员加强网络安全保护，提高网络安全保护水平，促进行业健康发展。

第十二条　国家保护公民、法人和其他组织依法使用网络的权利，促进网络接入普及，提升网络服务水平，为社会提供安全、便利的网络服务，保障网络信息依法有序自由流动。

任何个人和组织使用网络应当遵守宪法法律，遵守公共秩序，尊重社会公德，不得危害网络安全，不得利用网络从事危害国家安全、荣誉和利益，煽动颠覆国家政权、推翻社会主义制度，煽动分裂国家、破坏国家统一，宣扬恐怖主义、极端主义，宣扬民族仇恨、民族歧视，传播暴力、淫秽色情信息，编造、传播虚假信息扰乱经济秩序和社会秩序，以及侵害他人名誉、隐私、知识产权和其他合法权益等活动。

第十三条　国家支持研究开发有利于未成年人健康成长的网络产品和服务，依法惩治利用网络从事危害未成年人身心健康的活动，为未成年人提供安全、健康的网络环境。

第十四条　任何个人和组织有权对危害网络安全的行为向网信、电信、公安等部门举报。收到举报的部门应当及时依法作出处理；不属于本部门职责的，应当及时移送有权处理的部门。

有关部门应当对举报人的相关信息予以保密，保护举报人的合法权益。

第二章　网络安全支持与促进

第十五条　国家建立和完善网络安全标准体系。国务院标准化行政主管部门和国务院其他有关部门根据各自的职责，组织制定并适时修订有关网络安全管理以及网络产品、服务和运行安全的国家标准、行业标准。

国家支持企业、研究机构、高等学校、网络相关行业组织参与网络安全国家标准、行业标准的制定。

第十六条 国务院和省、自治区、直辖市人民政府应当统筹规划，加大投入，扶持重点网络安全技术产业和项目，支持网络安全技术的研究开发和应用，推广安全可信的网络产品和服务，保护网络技术知识产权，支持企业、研究机构和高等学校等参与国家网络安全技术创新项目。

第十七条 国家推进网络安全社会化服务体系建设，鼓励有关企业、机构开展网络安全认证、检测和风险评估等安全服务。

第十八条 国家鼓励开发网络数据安全保护和利用技术，促进公共数据资源开放，推动技术创新和经济社会发展。

国家支持创新网络安全管理方式，运用网络新技术，提升网络安全保护水平。

第十九条 各级人民政府及其有关部门应当组织开展经常性的网络安全宣传教育，并指导、督促有关单位做好网络安全宣传教育工作。

大众传播媒介应当有针对性地面向社会进行网络安全宣传教育。

第二十条 国家支持企业和高等学校、职业学校等教育培训机构开展网络安全相关教育与培训，采取多种方式培养网络安全人才，促进网络安全人才交流。

第三章 网络运行安全

第一节 一般规定

第二十一条 国家实行网络安全等级保护制度。网络运营者应当按照网络安全等级保护制度的要求，履行下列安全保护义务，保障网络免受干扰、破坏或者未经授权的访问，防止网络数据泄露或者被窃取、篡改：

（一）制定内部安全管理制度和操作规程，确定网络安全负责人，落实网络安全保护责任；

（二）采取防范计算机病毒和网络攻击、网络侵入等危害网络安全行为的技术措施；

（三）采取监测、记录网络运行状态、网络安全事件的技术措施，并按照规定留存相关的网络日志不少于六个月；

（四）采取数据分类、重要数据备份和加密等措施；

（五）法律、行政法规规定的其他义务。

第二十二条 网络产品、服务应当符合相关国家标准的强制性要求。网络产品、服务的提供者不得设置恶意程序；发现其网络产品、服务存在安全缺陷、漏洞等风险时，应当立即采取补救措施，按照规定及时告知用户并向有关主管部门报告。

网络产品、服务的提供者应当为其产品、服务持续提供安全维护；在规定或者当事人约定的期限内，不得终止提供安全维护。

网络产品、服务具有收集用户信息功能的，其提供者应当向用户明示并取得同意；涉及用户个人信息的，还应当遵守本法和有关法律、行政法规关于个人信息保护的规定。

第二十三条　网络关键设备和网络安全专用产品应当按照相关国家标准的强制性要求，由具备资格的机构安全认证合格或者安全检测符合要求后，方可销售或者提供。国家网信部门会同国务院有关部门制定、公布网络关键设备和网络安全专用产品目录，并推动安全认证和安全检测结果互认，避免重复认证、检测。

第二十四条　网络运营者为用户办理网络接入、域名注册服务，办理固定电话、移动电话等入网手续，或者为用户提供信息发布、即时通信等服务，在与用户签订协议或者确认提供服务时，应当要求用户提供真实身份信息。用户不提供真实身份信息的，网络运营者不得为其提供相关服务。

国家实施网络可信身份战略，支持研究开发安全、方便的电子身份认证技术，推动不同电子身份认证之间的互认。

第二十五条　网络运营者应当制定网络安全事件应急预案，及时处置系统漏洞、计算机病毒、网络攻击、网络侵入等安全风险；在发生危害网络安全的事件时，立即启动应急预案，采取相应的补救措施，并按照规定向有关主管部门报告。

第二十六条　开展网络安全认证、检测、风险评估等活动，向社会发布系统漏洞、计算机病毒、网络攻击、网络侵入等网络安全信息，应当遵守国家有关规定。

第二十七条　任何个人和组织不得从事非法侵入他人网络、干扰他人网络正常功能、窃取网络数据等危害网络安全的活动；不得提供专门用于从事侵入网络、干扰网络正常功能及防护措施、窃取网络数据等危害网络安全活动的程序、工具；明知他人从事危害网络安全的活动的，不得为其提供技术支持、广告推广、支付结算等帮助。

第二十八条　网络运营者应当为公安机关、国家安全机关依法维护国家安全和侦查犯罪的活动提供技术支持和协助。

第二十九条　国家支持网络运营者之间在网络安全信息收集、分析、通报和应急处置等方面进行合作，提高网络运营者的安全保障能力。

有关行业组织建立健全本行业的网络安全保护规范和协作机制，加强对网络安全风险的分析评估，定期向会员进行风险警示，支持、协助会员应对网络安全风险。

第三十条　网信部门和有关部门在履行网络安全保护职责中获取的信息，只能用于维护网络安全的需要，不得用于其他用途。

第二节　关键信息基础设施的运行安全

第三十一条　国家对公共通信和信息服务、能源、交通、水利、金融、公共服务、电子政务等重要行业和领域，以及其他一旦遭到破坏、丧失功能或者数据泄露，可能严重危害国家安全、国计民生、公共利益的关键信息基础设施，在网络安全等级保护制度的基础上，实行重点保护。关键信息基础设施的具体范围和安全保护办法由国务院制定。

国家鼓励关键信息基础设施以外的网络运营者自愿参与关键信息基础设施保护体系。

第三十二条　按照国务院规定的职责分工，负责关键信息基础设施安全保护工作的部门分别编制并组织实施本行业、本领域的关键信息基础设施安全规划，指导和监督关键信息基础设施运行安全保护工作。

第三十三条 建设关键信息基础设施应当确保其具有支持业务稳定、持续运行的性能，并保证安全技术措施同步规划、同步建设、同步使用。

第三十四条 除本法第二十一条的规定外，关键信息基础设施的运营者还应当履行下列安全保护义务：

（一）设置专门安全管理机构和安全管理负责人，并对该负责人和关键岗位的人员进行安全背景审查；

（二）定期对从业人员进行网络安全教育、技术培训和技能考核；

（三）对重要系统和数据库进行容灾备份；

（四）制定网络安全事件应急预案，并定期进行演练；

（五）法律、行政法规规定的其他义务。

第三十五条 关键信息基础设施的运营者采购网络产品和服务，可能影响国家安全的，应当通过国家网信部门会同国务院有关部门组织的国家安全审查。

第三十六条 关键信息基础设施的运营者采购网络产品和服务，应当按照规定与提供者签订安全保密协议，明确安全和保密义务与责任。

第三十七条 关键信息基础设施的运营者在中华人民共和国境内运营中收集和产生的个人信息和重要数据应当在境内存储。因业务需要，确需向境外提供的，应当按照国家网信部门会同国务院有关部门制定的办法进行安全评估；法律、行政法规另有规定的，依照其规定。

第三十八条 关键信息基础设施的运营者应当自行或者委托网络安全服务机构对其网络的安全性和可能存在的风险每年至少进行一次检测评估，并将检测评估情况和改进措施报送相关负责关键信息基础设施安全保护工作的部门。

第三十九条 国家网信部门应当统筹协调有关部门对关键信息基础设施的安全保护采取下列措施：

（一）对关键信息基础设施的安全风险进行抽查检测，提出改进措施，必要时可以委托网络安全服务机构对网络存在的安全风险进行检测评估；

（二）定期组织关键信息基础设施的运营者进行网络安全应急演练，提高应对网络安全事件的水平和协同配合能力；

（三）促进有关部门、关键信息基础设施的运营者以及有关研究机构、网络安全服务机构等之间的网络安全信息共享；

（四）对网络安全事件的应急处置与网络功能的恢复等，提供技术支持和协助。

第四章　网络信息安全

第四十条 网络运营者应当对其收集的用户信息严格保密，并建立健全用户信息保护制度。

第四十一条　网络运营者收集、使用个人信息，应当遵循合法、正当、必要的原则，公开收集、使用规则，明示收集、使用信息的目的、方式和范围，并经被收集者同意。

网络运营者不得收集与其提供的服务无关的个人信息，不得违反法律、行政法规的规定和双方的约定收集、使用个人信息，并应当依照法律、行政法规的规定和与用户的约定，处理其保存的个人信息。

第四十二条　网络运营者不得泄露、篡改、毁损其收集的个人信息；未经被收集者同意，不得向他人提供个人信息。但是，经过处理无法识别特定个人且不能复原的除外。

网络运营者应当采取技术措施和其他必要措施，确保其收集的个人信息安全，防止信息泄露、毁损、丢失。在发生或者可能发生个人信息泄露、毁损、丢失的情况时，应当立即采取补救措施，按照规定及时告知用户并向有关主管部门报告。

第四十三条　个人发现网络运营者违反法律、行政法规的规定或者双方的约定收集、使用其个人信息的，有权要求网络运营者删除其个人信息；发现网络运营者收集、存储的其个人信息有错误的，有权要求网络运营者予以更正。网络运营者应当采取措施予以删除或者更正。

第四十四条　任何个人和组织不得窃取或者以其他非法方式获取个人信息，不得非法出售或者非法向他人提供个人信息。

第四十五条　依法负有网络安全监督管理职责的部门及其工作人员，必须对在履行职责中知悉的个人信息、隐私和商业秘密严格保密，不得泄露、出售或者非法向他人提供。

第四十六条　任何个人和组织应当对其使用网络的行为负责，不得设立用于实施诈骗，传授犯罪方法，制作或者销售违禁物品、管制物品等违法犯罪活动的网站、通信群组，不得利用网络发布涉及实施诈骗，制作或者销售违禁物品、管制物品以及其他违法犯罪活动的信息。

第四十七条　网络运营者应当加强对其用户发布的信息的管理，发现法律、行政法规禁止发布或者传输的信息的，应当立即停止传输该信息，采取消除等处置措施，防止信息扩散，保存有关记录，并向有关主管部门报告。

第四十八条　任何个人和组织发送的电子信息、提供的应用软件，不得设置恶意程序，不得含有法律、行政法规禁止发布或者传输的信息。

电子信息发送服务提供者和应用软件下载服务提供者，应当履行安全管理义务，知道其用户有前款规定行为的，应当停止提供服务，采取消除等处置措施，保存有关记录，并向有关主管部门报告。

第四十九条　网络运营者应当建立网络信息安全投诉、举报制度，公布投诉、举报方式等信息，及时受理并处理有关网络信息安全的投诉和举报。

网络运营者对网信部门和有关部门依法实施的监督检查，应当予以配合。

第五十条　国家网信部门和有关部门依法履行网络信息安全监督管理职责，发现法律、行政法规禁止发布或者传输的信息的，应当要求网络运营者停止传输，采取消除等处置措施，保存有关记录；对来源于中华人民共和国境外的上述信息，应当通知有关机构采取技术措施和其他必要措施阻断传播。

第五章　监测预警与应急处置

第五十一条　国家建立网络安全监测预警和信息通报制度。国家网信部门应当统筹协调有关部门加强网络安全信息收集、分析和通报工作，按照规定统一发布网络安全监测预警信息。

第五十二条　负责关键信息基础设施安全保护工作的部门，应当建立健全本行业、本领域的网络安全监测预警和信息通报制度，并按照规定报送网络安全监测预警信息。

第五十三条　国家网信部门协调有关部门建立健全网络安全风险评估和应急工作机制，制定网络安全事件应急预案，并定期组织演练。

负责关键信息基础设施安全保护工作的部门应当制定本行业、本领域的网络安全事件应急预案，并定期组织演练。

网络安全事件应急预案应当按照事件发生后的危害程度、影响范围等因素对网络安全事件进行分级，并规定相应的应急处置措施。

第五十四条　网络安全事件发生的风险增大时，省级以上人民政府有关部门应当按照规定的权限和程序，并根据网络安全风险的特点和可能造成的危害，采取下列措施：

（一）要求有关部门、机构和人员及时收集、报告有关信息，加强对网络安全风险的监测；

（二）组织有关部门、机构和专业人员，对网络安全风险信息进行分析评估，预测事件发生的可能性、影响范围和危害程度；

（三）向社会发布网络安全风险预警，发布避免、减轻危害的措施。

第五十五条　发生网络安全事件，应当立即启动网络安全事件应急预案，对网络安全事件进行调查和评估，要求网络运营者采取技术措施和其他必要措施，消除安全隐患，防止危害扩大，并及时向社会发布与公众有关的警示信息。

第五十六条　省级以上人民政府有关部门在履行网络安全监督管理职责中，发现网络存在较大安全风险或者发生安全事件的，可以按照规定的权限和程序对该网络的运营者的法定代表人或者主要负责人进行约谈。网络运营者应当按照要求采取措施，进行整改，消除隐患。

第五十七条　因网络安全事件，发生突发事件或者生产安全事故的，应当依照《中华人民共和国突发事件应对法》《中华人民共和国安全生产法》等有关法律、行政法规的规定处置。

第五十八条　因维护国家安全和社会公共秩序，处置重大突发社会安全事件的需要，经国务院决定或者批准，可以在特定区域对网络通信采取限制等临时措施。

第六章　法律责任

第五十九条　网络运营者不履行本法第二十一条、第二十五条规定的网络安全保护义务的，由有关主管部门责令改正，给予警告；拒不改正或者导致危害网络安全等后果的，处一万元以上十万元以下罚款，对直接负责的主管人员处五千元以上五万元以下罚款。

关键信息基础设施的运营者不履行本法第三十三条、第三十四条、第三十六条、第三十八条规定的网络安全保护义务的，由有关主管部门责令改正，给予警告；拒不改正或者导致危害网络安全等后果的，处十万元以上一百万元以下罚款，对直接负责的主管人员处一万元以上十万元以下罚款。

第六十条　违反本法第二十二条第一款、第二款和第四十八条第一款规定，有下列行为之一的，由有关主管部门责令改正，给予警告；拒不改正或者导致危害网络安全等后果的，处五万元以上五十万元以下罚款，对直接负责的主管人员处一万元以上十万元以下罚款：

（一）设置恶意程序的；

（二）对其产品、服务存在的安全缺陷、漏洞等风险未立即采取补救措施，或者未按照规定及时告知用户并向有关主管部门报告的；

（三）擅自终止为其产品、服务提供安全维护的。

第六十一条　网络运营者违反本法第二十四条第一款规定，未要求用户提供真实身份信息，或者对不提供真实身份信息的用户提供相关服务的，由有关主管部门责令改正；拒不改正或者情节严重的，处五万元以上五十万元以下罚款，并可以由有关主管部门责令暂停相关业务、停业整顿、关闭网站、吊销相关业务许可证或者吊销营业执照，对直接负责的主管人员和其他直接责任人员处一万元以上十万元以下罚款。

第六十二条　违反本法第二十六条规定，开展网络安全认证、检测、风险评估等活动，或者向社会发布系统漏洞、计算机病毒、网络攻击、网络侵入等网络安全信息的，由有关主管部门责令改正，给予警告；拒不改正或者情节严重的，处一万元以上十万元以下罚款，并可以由有关主管部门责令暂停相关业务、停业整顿、关闭网站、吊销相关业务许可证或者吊销营业执照，对直接负责的主管人员和其他直接责任人员处五千元以上五万元以下罚款。

第六十三条　违反本法第二十七条规定，从事危害网络安全的活动，或者提供专门用于从事危害网络安全活动的程序、工具，或者为他人从事危害网络安全的活动提供技术支持、广告推广、支付结算等帮助，尚不构成犯罪的，由公安机关没收违法所得，处五日以下拘留，可以并处五万元以上五十万元以下罚款；情节较重的，处五日以上十五日以下拘留，可以并处十万元以上一百万元以下罚款。

单位有前款行为的，由公安机关没收违法所得，处十万元以上一百万元以下罚款，并对直接负责的主管人员和其他直接责任人员依照前款规定处罚。

违反本法第二十七条规定，受到治安管理处罚的人员，五年内不得从事网络安全管理和网络运营关键岗位的工作；受到刑事处罚的人员，终身不得从事网络安全管理和网络运营关键岗位的工作。

第六十四条　网络运营者、网络产品或者服务的提供者违反本法第二十二条第三款、第四十一条至第四十三条规定，侵害个人信息依法得到保护的权利的，由有关主管部门责令改正，可以根据情节单处或者并处警告、没收违法所得、处违法所得一倍以上十倍以下罚款，没有违法所得的，处一百万元以下罚款，对直接负责的主管人员和其他直接责任人员处一万元以上十万元以下罚款；情节严重的，并可以责令暂停相关业务、停业整顿、关闭网站、吊销相关业务许可证或者吊销营业执照。

违反本法第四十四条规定，窃取或者以其他非法方式获取、非法出售或者非法向他人提供个人信息，尚不构成犯罪的，由公安机关没收违法所得，并处违法所得一倍以上十倍以下罚款，没有违法所得的，处一百万元以下罚款。

第六十五条　关键信息基础设施的运营者违反本法第三十五条规定，使用未经安全审查或者安全审查未通过的网络产品或者服务的，由有关主管部门责令停止使用，处采购金额一倍以上十倍以下罚款；对直接负责的主管人员和其他直接责任人员处一万元以上十万元以下罚款。

第六十六条　关键信息基础设施的运营者违反本法第三十七条规定，在境外存储网络数据，或者向境外提供网络数据的，由有关主管部门责令改正，给予警告，没收违法所得，处五万元以上五十万元以下罚款，并可以责令暂停相关业务、停业整顿、关闭网站、吊销相关业务许可证或者吊销营业执照；对直接负责的主管人员和其他直接责任人员处一万元以上十万元以下罚款。

第六十七条　违反本法第四十六条规定，设立用于实施违法犯罪活动的网站、通信群组，或者利用网络发布涉及实施违法犯罪活动的信息，尚不构成犯罪的，由公安机关处五日以下拘留，可以并处一万元以上十万元以下罚款；情节较重的，处五日以上十五日以下拘留，可以并处五万元以上五十万元以下罚款。关闭用于实施违法犯罪活动的网站、通信群组。

单位有前款行为的，由公安机关处十万元以上五十万元以下罚款，并对直接负责的主管人员和其他直接责任人员依照前款规定处罚。

第六十八条　网络运营者违反本法第四十七条规定，对法律、行政法规禁止发布或者传输的信息未停止传输、采取消除等处置措施、保存有关记录的，由有关主管部门责令改正，给予警告，没收违法所得；拒不改正或者情节严重的，处十万元以上五十万元以下罚款，并可以责令暂停相关业务、停业整顿、关闭网站、吊销相关业务许可证或者吊销营业执照，对直接负责的主管人员和其他直接责任人员处一万元以上十万元以下罚款。

电子信息发送服务提供者、应用软件下载服务提供者，不履行本法第四十八条第二款规定的安全管理义务的，依照前款规定处罚。

第六十九条　网络运营者违反本法规定，有下列行为之一的，由有关主管部门责令改正；拒不改正或者情节严重的，处五万元以上五十万元以下罚款，对直接负责的主管人员和其他直接责任人员，处一万元以上十万元以下罚款：

（一）不按照有关部门的要求对法律、行政法规禁止发布或者传输的信息，采取停止传输、消除等处置措施的；

（二）拒绝、阻碍有关部门依法实施的监督检查的；

（三）拒不向公安机关、国家安全机关提供技术支持和协助的。

第七十条　发布或者传输本法第十二条第二款和其他法律、行政法规禁止发布或者传输的信息的，依照有关法律、行政法规的规定处罚。

第七十一条　有本法规定的违法行为的，依照有关法律、行政法规的规定记入信用档案，并予以公示。

第七十二条　国家机关政务网络的运营者不履行本法规定的网络安全保护义务的，由其上级机关或者有关机关责令改正；对直接负责的主管人员和其他直接责任人员依法给予处分。

第七十三条　网信部门和有关部门违反本法第三十条规定，将在履行网络安全保护职责中获取的信息用于其他用途的，对直接负责的主管人员和其他直接责任人员依法给予处分。

网信部门和有关部门的工作人员玩忽职守、滥用职权、徇私舞弊，尚不构成犯罪的，依法给予处分。

第七十四条　违反本法规定，给他人造成损害的，依法承担民事责任。

违反本法规定，构成违反治安管理行为的，依法给予治安管理处罚；构成犯罪的，依法追究刑事责任。

第七十五条　境外的机构、组织、个人从事攻击、侵入、干扰、破坏等危害中华人民共和国的关键信息基础设施的活动，造成严重后果的，依法追究法律责任；国务院公安部门和有关部门并可以决定对该机构、组织、个人采取冻结财产或者其他必要的制裁措施。

第七章　附则

第七十六条　本法下列用语的含义：

（一）网络，是指由计算机或者其他信息终端及相关设备组成的按照一定的规则和程序对信息进行收集、存储、传输、交换、处理的系统。

（二）网络安全，是指通过采取必要措施，防范对网络的攻击、侵入、干扰、破坏和非法使用以及意外事故，使网络处于稳定可靠运行的状态，以及保障网络数据的完整性、保密性、可用性的能力。

（三）网络运营者，是指网络的所有者、管理者和网络服务提供者。

（四）网络数据，是指通过网络收集、存储、传输、处理和产生的各种电子数据。

（五）个人信息，是指以电子或者其他方式记录的能够单独或者与其他信息结合识别自然人个人身份的各种信息，包括但不限于自然人的姓名、出生日期、身份证件号码、个人生物识别信息、住址、电话号码等。

第七十七条 存储、处理涉及国家秘密信息的网络的运行安全保护，除应当遵守本法外，还应当遵守保密法律、行政法规的规定。

第七十八条 军事网络的安全保护，由中央军事委员会另行规定。

第七十九条 本法自 2017 年 6 月 1 日起施行。

中华人民共和国反电信网络诈骗法

（2022 年 9 月 2 日第十三届全国人民代表大会常务委员会第三十六次会议通过）

目　录

第一章　总　则

第一条　为了预防、遏制和惩治电信网络诈骗活动，加强反电信网络诈骗工作，保护公民和组织的合法权益，维护社会稳定和国家安全，根据宪法，制定本法。

第二条　本法所称电信网络诈骗，是指以非法占有为目的，利用电信网络技术手段，通过远程、非接触等方式，诈骗公私财物的行为。

第三条　打击治理在中华人民共和国境内实施的电信网络诈骗活动或者中华人民共和国公民在境外实施的电信网络诈骗活动，适用本法。

境外的组织、个人针对中华人民共和国境内实施电信网络诈骗活动的，或者为他人针对境内实施电信网络诈骗活动提供产品、服务等帮助的，依照本法有关规定处理和追究责任。

第四条　反电信网络诈骗工作坚持以人民为中心，统筹发展和安全；坚持系统观念、法治思维，注重源头治理、综合治理；坚持齐抓共管、群防群治，全面落实打防管控各项措施，加强社会宣传教育防范；坚持精准防治，保障正常生产经营活动和群众生活便利。

第五条　反电信网络诈骗工作应当依法进行，维护公民和组织的合法权益。

有关部门和单位、个人应当对在反电信网络诈骗工作过程中知悉的国家秘密、商业秘密和个人隐私、个人信息予以保密。

第六条　国务院建立反电信网络诈骗工作机制，统筹协调打击治理工作。

地方各级人民政府组织领导本行政区域内反电信网络诈骗工作，确定反电信网络诈骗目标任务和工作机制，开展综合治理。

公安机关牵头负责反电信网络诈骗工作，金融、电信、网信、市场监管等有关部门依照职责履行监管主体责任，负责本行业领域反电信网络诈骗工作。

人民法院、人民检察院发挥审判、检察职能作用，依法防范、惩治电信网络诈骗活动。

电信业务经营者、银行业金融机构、非银行支付机构、互联网服务提供者承担风险防控责任，建立反电信网络诈骗内部控制机制和安全责任制度，加强新业务涉诈风险安全评估。

第七条 有关部门、单位在反电信网络诈骗工作中应当密切协作，实现跨行业、跨地域协同配合、快速联动，加强专业队伍建设，有效打击治理电信网络诈骗活动。

第八条 各级人民政府和有关部门应当加强反电信网络诈骗宣传，普及相关法律和知识，提高公众对各类电信网络诈骗方式的防骗意识和识骗能力。

教育行政、市场监管、民政等有关部门和村民委员会、居民委员会，应当结合电信网络诈骗受害群体的分布等特征，加强对老年人、青少年等群体的宣传教育，增强反电信网络诈骗宣传教育的针对性、精准性，开展反电信网络诈骗宣传教育进学校、进企业、进社区、进农村、进家庭等活动。

各单位应当加强内部防范电信网络诈骗工作，对工作人员开展防范电信网络诈骗教育；个人应当加强电信网络诈骗防范意识。单位、个人应当协助、配合有关部门依照本法规定开展反电信网络诈骗工作。

第二章 电信治理

第九条 电信业务经营者应当依法全面落实电话用户真实身份信息登记制度。

基础电信企业和移动通信转售企业应当承担对代理商落实电话用户实名制管理责任，在协议中明确代理商实名制登记的责任和有关违约处置措施。

第十条 办理电话卡不得超出国家有关规定限制的数量。

对经识别存在异常办卡情形的，电信业务经营者有权加强核查或者拒绝办卡。具体识别办法由国务院电信主管部门制定。

国务院电信主管部门组织建立电话用户开卡数量核验机制和风险信息共享机制，并为用户查询名下电话卡信息提供便捷渠道。

第十一条 电信业务经营者对监测识别的涉诈异常电话卡用户应当重新进行实名核验，根据风险等级采取有区别的、相应的核验措施。对未按规定核验或者核验未通过的，电信业务经营者可以限制、暂停有关电话卡功能。

第十二条 电信业务经营者建立物联网卡用户风险评估制度，评估未通过的，不得向其销售物联网卡；严格登记物联网卡用户身份信息；采取有效技术措施限定物联网卡开通功能、使用场景和适用设备。

单位用户从电信业务经营者购买物联网卡再将载有物联网卡的设备销售给其他用户的，应当核验和登记用户身份信息，并将销量、存量及用户实名信息传送给号码归属的电信业务经营者。

电信业务经营者对物联网卡的使用建立监测预警机制。对存在异常使用情形的，应当采取暂停服务、重新核验身份和使用场景或者其他合同约定的处置措施。

第十三条　电信业务经营者应当规范真实主叫号码传送和电信线路出租，对改号电话进行封堵拦截和溯源核查。

电信业务经营者应当严格规范国际通信业务出入口局主叫号码传送，真实、准确向用户提示来电号码所属国家或者地区，对网内和网间虚假主叫、不规范主叫进行识别、拦截。

第十四条　任何单位和个人不得非法制造、买卖、提供或者使用下列设备、软件：

（一）电话卡批量插入设备；

（二）具有改变主叫号码、虚拟拨号、互联网电话违规接入公用电信网络等功能的设备、软件；

（三）批量账号、网络地址自动切换系统，批量接收提供短信验证、语音验证的平台；

（四）其他用于实施电信网络诈骗等违法犯罪的设备、软件。

电信业务经营者、互联网服务提供者应当采取技术措施，及时识别、阻断前款规定的非法设备、软件接入网络，并向公安机关和相关行业主管部门报告。

第三章　金融治理

第十五条　银行业金融机构、非银行支付机构为客户开立银行账户、支付账户及提供支付结算服务，和与客户业务关系存续期间，应当建立客户尽职调查制度，依法识别受益所有人，采取相应风险管理措施，防范银行账户、支付账户等被用于电信网络诈骗活动。

第十六条　开立银行账户、支付账户不得超出国家有关规定限制的数量。

对经识别存在异常开户情形的，银行业金融机构、非银行支付机构有权加强核查或者拒绝开户。

中国人民银行、国务院银行业监督管理机构组织有关清算机构建立跨机构开户数量核验机制和风险信息共享机制，并为客户提供查询名下银行账户、支付账户的便捷渠道。银行业金融机构、非银行支付机构应当按照国家有关规定提供开户情况和有关风险信息。相关信息不得用于反电信网络诈骗以外的其他用途。

第十七条　银行业金融机构、非银行支付机构应当建立开立企业账户异常情形的风险防控机制。金融、电信、市场监管、税务等有关部门建立开立企业账户相关信息共享查询系统，提供联网核查服务。

市场主体登记机关应当依法对企业实名登记履行身份信息核验职责；依照规定对登记事项进行监督检查，对可能存在虚假登记、涉诈异常的企业重点监督检查，依法撤销登记的，依照前款的规定及时共享信息；为银行业金融机构、非银行支付机构进行客户尽职调查和依法识别受益所有人提供便利。

第十八条　银行业金融机构、非银行支付机构应当对银行账户、支付账户及支付结算服务加强监测，建立完善符合电信网络诈骗活动特征的异常账户和可疑交易监测机制。

中国人民银行统筹建立跨银行业金融机构、非银行支付机构的反洗钱统一监测系统，会同国务院公安部门完善与电信网络诈骗犯罪资金流转特点相适应的反洗钱可疑交易报告制度。

对监测识别的异常账户和可疑交易，银行业金融机构、非银行支付机构应当根据风险情况，采取核实交易情况、重新核验身份、延迟支付结算、限制或者中止有关业务等必要的防范措施。

银行业金融机构、非银行支付机构依照第一款规定开展异常账户和可疑交易监测时，可以收集异常客户互联网协议地址、网卡地址、支付受理终端信息等必要的交易信息、设备位置信息。上述信息未经客户授权，不得用于反电信网络诈骗以外的其他用途。

第十九条　银行业金融机构、非银行支付机构应当按照国家有关规定，完整、准确传输直接提供商品或者服务的商户名称、收付款客户名称及账号等交易信息，保证交易信息的真实、完整和支付全流程中的一致性。

第二十条　国务院公安部门会同有关部门建立完善电信网络诈骗涉案资金即时查询、紧急止付、快速冻结、及时解冻和资金返还制度，明确有关条件、程序和救济措施。

公安机关依法决定采取上述措施的，银行业金融机构、非银行支付机构应当予以配合。

第四章　互联网治理

第二十一条　电信业务经营者、互联网服务提供者为用户提供下列服务，在与用户签订协议或者确认提供服务时，应当依法要求用户提供真实身份信息，用户不提供真实身份信息的，不得提供服务：

（一）提供互联网接入服务；

（二）提供网络代理等网络地址转换服务；

（三）提供互联网域名注册、服务器托管、空间租用、云服务、内容分发服务；

（四）提供信息、软件发布服务，或者提供即时通信、网络交易、网络游戏、网络直播发布、广告推广服务。

第二十二条　互联网服务提供者对监测识别的涉诈异常账号应当重新核验，根据国家有关规定采取限制功能、暂停服务等处置措施。

互联网服务提供者应当根据公安机关、电信主管部门要求，对涉案电话卡、涉诈异常电话卡所关联注册的有关互联网账号进行核验，根据风险情况，采取限期改正、限制功能、暂停使用、关闭账号、禁止重新注册等处置措施。

第二十三条　设立移动互联网应用程序应当按照国家有关规定向电信主管部门办理许可或者备案手续。

为应用程序提供封装、分发服务的，应当登记并核验应用程序开发运营者的真实身份信息，核验应用程序的功能、用途。

公安、电信、网信等部门和电信业务经营者、互联网服务提供者应当加强对分发平台以外途径下载传播的涉诈应用程序重点监测、及时处置。

第二十四条　提供域名解析、域名跳转、网址链接转换服务的，应当按照国家有关规定，核验域名注册、解析信息和互联网协议地址的真实性、准确性，规范域名跳转，记录并留存所提供相应服务的日志信息，支持实现对解析、跳转、转换记录的溯源。

第二十五条　任何单位和个人不得为他人实施电信网络诈骗活动提供下列支持或者帮助：

（一）出售、提供个人信息；

（二）帮助他人通过虚拟货币交易等方式洗钱；

（三）其他为电信网络诈骗活动提供支持或者帮助的行为。

电信业务经营者、互联网服务提供者应当依照国家有关规定，履行合理注意义务，对利用下列业务从事涉诈支持、帮助活动进行监测识别和处置：

（一）提供互联网接入、服务器托管、网络存储、通信传输、线路出租、域名解析等网络资源服务；

（二）提供信息发布或者搜索、广告推广、引流推广等网络推广服务；

（三）提供应用程序、网站等网络技术、产品的制作、维护服务；

（四）提供支付结算服务。

第二十六条　公安机关办理电信网络诈骗案件依法调取证据的，互联网服务提供者应当及时提供技术支持和协助。

互联网服务提供者依照本法规定对有关涉诈信息、活动进行监测时，发现涉诈违法犯罪线索、风险信息的，应当依照国家有关规定，根据涉诈风险类型、程度情况移送公安、金融、电信、网信等部门。有关部门应当建立完善反馈机制，将相关情况及时告知移送单位。

第五章　综合措施

第二十七条　公安机关应当建立完善打击治理电信网络诈骗工作机制，加强专门队伍和专业技术建设，各警种、各地公安机关应当密切配合，依法有效惩处电信网络诈骗活动。

公安机关接到电信网络诈骗活动的报案或者发现电信网络诈骗活动，应当依照《中华人民共和国刑事诉讼法》的规定立案侦查。

第二十八条　金融、电信、网信部门依照职责对银行业金融机构、非银行支付机构、电信业务经营者、互联网服务提供者落实本法规定情况进行监督检查。有关监督检查活动应当依法规范开展。

第二十九条　个人信息处理者应当依照《中华人民共和国个人信息保护法》等法律规定，规范个人信息处理，加强个人信息保护，建立个人信息被用于电信网络诈骗的防范机制。

履行个人信息保护职责的部门、单位对可能被电信网络诈骗利用的物流信息、交易信息、贷款信息、医疗信息、婚介信息等实施重点保护。公安机关办理电信网络诈骗案件，应当同时查证犯罪所利用的个人信息来源，依法追究相关人员和单位责任。

第三十条　电信业务经营者、银行业金融机构、非银行支付机构、互联网服务提供者应当对从业人员和用户开展反电信网络诈骗宣传，在有关业务活动中对防范电信网络诈骗作出提示，对本领域新出现的电信网络诈骗手段及时向用户作出提醒，对非法买卖、出租、出借本人有关卡、账户、账号等被用于电信网络诈骗的法律责任作出警示。

新闻、广播、电视、文化、互联网信息服务等单位，应当面向社会有针对性地开展反电信网络诈骗宣传教育。

任何单位和个人有权举报电信网络诈骗活动，有关部门应当依法及时处理，对提供有效信息的举报人依照规定给予奖励和保护。

第三十一条　任何单位和个人不得非法买卖、出租、出借电话卡、物联网卡、电信线路、短信端口、银行账户、支付账户、互联网账号等，不得提供实名核验帮助；不得假冒他人身份或者虚构代理关系开立上述卡、账户、账号等。

对经设区的市级以上公安机关认定的实施前款行为的单位、个人和相关组织者，以及因从事电信网络诈骗活动或者关联犯罪受过刑事处罚的人员，可以按照国家有关规定记入信用记录，采取限制其有关卡、账户、账号等功能和停止非柜面业务、暂停新业务、限制入网等措施。对上述认定和措施有异议的，可以提出申诉，有关部门应当建立健全申诉渠道、信用修复和救济制度。具体办法由国务院公安部门会同有关主管部门规定。

第三十二条　国家支持电信业务经营者、银行业金融机构、非银行支付机构、互联网服务提供者研究开发有关电信网络诈骗反制技术，用于监测识别、动态封堵和处置涉诈异常信息、活动。

国务院公安部门、金融管理部门、电信主管部门和国家网信部门等应当统筹负责本行业领域反制技术措施建设，推进涉电信网络诈骗样本信息数据共享，加强涉诈用户信息交叉核验，建立有关涉诈异常信息、活动的监测识别、动态封堵和处置机制。

依据本法第十一条、第十二条、第十八条、第二十二条和前款规定，对涉诈异常情形采取限制、暂停服务等处置措施的，应当告知处置原因、救济渠道及需要提交的资料等事项，被处置对象可以向作出决定或者采取措施的部门、单位提出申诉。作出决定的部门、单位应当建立完善申诉渠道，及时受理申诉并核查，核查通过的，应当即时解除有关措施。

第三十三条　国家推进网络身份认证公共服务建设，支持个人、企业自愿使用，电信业务经营者、银行业金融机构、非银行支付机构、互联网服务提供者对存在涉诈异常的电话卡、银行账户、支付账户、互联网账号，可以通过国家网络身份认证公共服务对用户身份重新进行核验。

第三十四条　公安机关应当会同金融、电信、网信部门组织银行业金融机构、非银行支付机构、电信业务经营者、互联网服务提供者等建立预警劝阻系统，对预警发现的潜在被害人，根据情况及时采取相应劝阻措施。对电信网络诈骗案件应当加强追赃挽损，完善涉案资金处置制度，及时返还被害人的合法财产。对遭受重大生活困难的被害人，符合国家有关救助条件的，有关方面依照规定给予救助。

第三十五条　经国务院反电信网络诈骗工作机制决定或者批准，公安、金融、电信等部门对电信网络诈骗活动严重的特定地区，可以依照国家有关规定采取必要的临时风险防范措施。

第三十六条　对前往电信网络诈骗活动严重地区的人员，出境活动存在重大涉电信网络诈骗活动嫌疑的，移民管理机构可以决定不准其出境。

因从事电信网络诈骗活动受过刑事处罚的人员，设区的市级以上公安机关可以根据犯罪情况和预防再犯罪的需要，决定自处罚完毕之日起六个月至三年以内不准其出境，并通知移民管理机构执行。

第三十七条　国务院公安部门等会同外交部门加强国际执法司法合作，与有关国家、地区、国际组织建立有效合作机制，通过开展国际警务合作等方式，提升在信息交流、调查取证、侦查抓捕、追赃挽损等方面的合作水平，有效打击遏制跨境电信网络诈骗活动。

第六章　法律责任

第三十八条　组织、策划、实施、参与电信网络诈骗活动或者为电信网络诈骗活动提供帮助，构成犯罪的，依法追究刑事责任。

前款行为尚不构成犯罪的，由公安机关处十日以上十五日以下拘留；没收违法所得，处违法所得一倍以上十倍以下罚款，没有违法所得或者违法所得不足一万元的，处十万元以下罚款。

第三十九条　电信业务经营者违反本法规定，有下列情形之一的，由有关主管部门责令改正，情节较轻的，给予警告、通报批评，或者处五万元以上五十万元以下罚款；情节严重的，处五十万元以上五百万元以下罚款，并可以由有关主管部门责令暂停相关业务、停业整顿、吊销相关业务许可证或者吊销营业执照，对其直接负责的主管人员和其他直接责任人员，处一万元以上二十万元以下罚款：

（一）未落实国家有关规定确定的反电信网络诈骗内部控制机制的；

（二）未履行电话卡、物联网卡实名制登记职责的；

（三）未履行对电话卡、物联网卡的监测识别、监测预警和相关处置职责的；

（四）未对物联网卡用户进行风险评估，或者未限定物联网卡的开通功能、使用场景和适用设备的；

（五）未采取措施对改号电话、虚假主叫或者具有相应功能的非法设备进行监测处置的。

第四十条　银行业金融机构、非银行支付机构违反本法规定，有下列情形之一的，由有关主管部门责令改正，情节较轻的，给予警告、通报批评，或者处五万元以上五十万元以下罚款；情节严重的，处五十万元以上五百万元以下罚款，并可以由有关主管部门责令停止新增业务、缩减业务类型或者业务范围、暂停相关业务、停业整顿、吊销相关业务许可证或者吊销营业执照，对其直接负责的主管人员和其他直接责任人员，处一万元以上二十万元以下罚款：

（一）未落实国家有关规定确定的反电信网络诈骗内部控制机制的；

（二）未履行尽职调查义务和有关风险管理措施的；

（三）未履行对异常账户、可疑交易的风险监测和相关处置义务的；

（四）未按照规定完整、准确传输有关交易信息的。

第四十一条　电信业务经营者、互联网服务提供者违反本法规定，有下列情形之一的，由有关主管部门责令改正，情节较轻的，给予警告、通报批评，或者处五万元以上五十万元以下罚款；情节严重的，处五十万元以上五百万元以下罚款，并可以由有关主管部门责令暂停相关业务、停业整顿、关闭网站或者应用程序、吊销相关业务许可证或者吊销营业执照，对其直接负责的主管人员和其他直接责任人员，处一万元以上二十万元以下罚款：

（一）未落实国家有关规定确定的反电信网络诈骗内部控制机制的；

（二）未履行网络服务实名制职责，或者未对涉案、涉诈电话卡关联注册互联网账号进行核验的；

（三）未按照国家有关规定，核验域名注册、解析信息和互联网协议地址的真实性、准确性，规范域名跳转，或者记录并留存所提供相应服务的日志信息的；

（四）未登记核验移动互联网应用程序开发运营者的真实身份信息或者未核验应用程序的功能、用途，为其提供应用程序封装、分发服务的；

（五）未履行对涉诈互联网账号和应用程序，以及其他电信网络诈骗信息、活动的监测识别和处置义务的；

（六）拒不依法为查处电信网络诈骗犯罪提供技术支持和协助，或者未按规定移送有关违法犯罪线索、风险信息的。

第四十二条　违反本法第十四条、第二十五条第一款规定的，没收违法所得，由公安机关或者有关主管部门处违法所得一倍以上十倍以下罚款，没有违法所得或者违法所得不足五万元的，处五十万元以下罚款；情节严重的，由公安机关并处十五日以下拘留。

第四十三条 违反本法第二十五条第二款规定，由有关主管部门责令改正，情节较轻的，给予警告、通报批评，或者处五万元以上五十万元以下罚款；情节严重的，处五十万元以上五百万元以下罚款，并可以由有关主管部门责令暂停相关业务、停业整顿、关闭网站或者应用程序，对其直接负责的主管人员和其他直接责任人员，处一万元以上二十万元以下罚款。

第四十四条 违反本法第三十一条第一款规定的，没收违法所得，由公安机关处违法所得一倍以上十倍以下罚款，没有违法所得或者违法所得不足二万元的，处二十万元以下罚款；情节严重的，并处十五日以下拘留。

第四十五条 反电信网络诈骗工作有关部门、单位的工作人员滥用职权、玩忽职守、徇私舞弊，或者有其他违反本法规定行为，构成犯罪的，依法追究刑事责任。

第四十六条 组织、策划、实施、参与电信网络诈骗活动或者为电信网络诈骗活动提供相关帮助的违法犯罪人员，除依法承担刑事责任、行政责任以外，造成他人损害的，依照《中华人民共和国民法典》等法律的规定承担民事责任。

电信业务经营者、银行业金融机构、非银行支付机构、互联网服务提供者等违反本法规定，造成他人损害的，依照《中华人民共和国民法典》等法律的规定承担民事责任。

第四十七条 人民检察院在履行反电信网络诈骗职责中，对于侵害国家利益和社会公共利益的行为，可以依法向人民法院提起公益诉讼。

第四十八条 有关单位和个人对依照本法作出的行政处罚和行政强制措施决定不服的，可以依法申请行政复议或者提起行政诉讼。

第七章 附 则

第四十九条 反电信网络诈骗工作涉及的有关管理和责任制度，本法没有规定的，适用《中华人民共和国网络安全法》《中华人民共和国个人信息保护法》《中华人民共和国反洗钱法》等相关法律规定。

第五十条 本法自 2022 年 12 月 1 日起施行。

中华人民共和国个人信息保护法

（2021 年 8 月 20 日第十三届全国人民代表大会常务委员会第三十次会议通过）

目　录

第一章　总　则

第一条　为了保护个人信息权益，规范个人信息处理活动，促进个人信息合理利用，根据宪法，制定本法。

第二条　自然人的个人信息受法律保护，任何组织、个人不得侵害自然人的个人信息权益。

第三条　在中华人民共和国境内处理自然人个人信息的活动，适用本法。

在中华人民共和国境外处理中华人民共和国境内自然人个人信息的活动，有下列情形之一的，也适用本法：

（一）以向境内自然人提供产品或者服务为目的；

（二）分析、评估境内自然人的行为；

（三）法律、行政法规规定的其他情形。

第四条　个人信息是以电子或者其他方式记录的与已识别或者可识别的自然人有关的各种信息，不包括匿名化处理后的信息。

个人信息的处理包括个人信息的收集、存储、使用、加工、传输、提供、公开、删除等。

第五条　处理个人信息应当遵循合法、正当、必要和诚信原则，不得通过误导、欺诈、胁迫等方式处理个人信息。

第六条　处理个人信息应当具有明确、合理的目的，并应当与处理目的直接相关，采取对个人权益影响最小的方式。

收集个人信息，应当限于实现处理目的的最小范围，不得过度收集个人信息。

第七条　处理个人信息应当遵循公开、透明原则，公开个人信息处理规则，明示处理的目的、方式和范围。

第八条　处理个人信息应当保证个人信息的质量，避免因个人信息不准确、不完整对个人权益造成不利影响。

第九条　个人信息处理者应当对其个人信息处理活动负责，并采取必要措施保障所处理的个人信息的安全。

第十条　任何组织、个人不得非法收集、使用、加工、传输他人个人信息，不得非法买卖、提供或者公开他人个人信息；不得从事危害国家安全、公共利益的个人信息处理活动。

第十一条　国家建立健全个人信息保护制度，预防和惩治侵害个人信息权益的行为，加强个人信息保护宣传教育，推动形成政府、企业、相关社会组织、公众共同参与个人信息保护的良好环境。

第十二条　国家积极参与个人信息保护国际规则的制定，促进个人信息保护方面的国际交流与合作，推动与其他国家、地区、国际组织之间的个人信息保护规则、标准等互认。

第二章　个人信息处理规则

第一节　一般规定

第十三条　符合下列情形之一的，个人信息处理者方可处理个人信息：

（一）取得个人的同意；

（二）为订立、履行个人作为一方当事人的合同所必需，或者按照依法制定的劳动规章制度和依法签订的集体合同实施人力资源管理所必需；

（三）为履行法定职责或者法定义务所必需；

（四）为应对突发公共卫生事件，或者紧急情况下为保护自然人的生命健康和财产安全所必需；

（五）为公共利益实施新闻报道、舆论监督等行为，在合理的范围内处理个人信息；

（六）依照本法规定在合理的范围内处理个人自行公开或者其他已经合法公开的个人信息；

（七）法律、行政法规规定的其他情形。

依照本法其他有关规定，处理个人信息应当取得个人同意，但是有前款第二项至第七项规定情形的，不需取得个人同意。

第十四条　基于个人同意处理个人信息的，该同意应当由个人在充分知情的前提下自愿、明确作出。法律、行政法规规定处理个人信息应当取得个人单独同意或者书面同意的，从其规定。

个人信息的处理目的、处理方式和处理的个人信息种类发生变更的，应当重新取得个人同意。

第十五条 基于个人同意处理个人信息的，个人有权撤回其同意。个人信息处理者应当提供便捷的撤回同意的方式。

个人撤回同意，不影响撤回前基于个人同意已进行的个人信息处理活动的效力。

第十六条 个人信息处理者不得以个人不同意处理其个人信息或者撤回同意为由，拒绝提供产品或者服务；处理个人信息属于提供产品或者服务所必需的除外。

第十七条 个人信息处理者在处理个人信息前，应当以显著方式、清晰易懂的语言真实、准确、完整地向个人告知下列事项：

（一）个人信息处理者的名称或者姓名和联系方式；

（二）个人信息的处理目的、处理方式，处理的个人信息种类、保存期限；

（三）个人行使本法规定权利的方式和程序；

（四）法律、行政法规规定应当告知的其他事项。

前款规定事项发生变更的，应当将变更部分告知个人。

个人信息处理者通过制定个人信息处理规则的方式告知第一款规定事项的，处理规则应当公开，并且便于查阅和保存。

第十八条 个人信息处理者处理个人信息，有法律、行政法规规定应当保密或者不需要告知的情形的，可以不向个人告知前条第一款规定的事项。

紧急情况下为保护自然人的生命健康和财产安全无法及时向个人告知的，个人信息处理者应当在紧急情况消除后及时告知。

第十九条 除法律、行政法规另有规定外，个人信息的保存期限应当为实现处理目的所必要的最短时间。

第二十条 两个以上的个人信息处理者共同决定个人信息的处理目的和处理方式的，应当约定各自的权利和义务。但是，该约定不影响个人向其中任何一个个人信息处理者要求行使本法规定的权利。

个人信息处理者共同处理个人信息，侵害个人信息权益造成损害的，应当依法承担连带责任。

第二十一条 个人信息处理者委托处理个人信息的，应当与受托人约定委托处理的目的、期限、处理方式、个人信息的种类、保护措施以及双方的权利和义务等，并对受托人的个人信息处理活动进行监督。

受托人应当按照约定处理个人信息，不得超出约定的处理目的、处理方式等处理个人信息；委托合同不生效、无效、被撤销或者终止的，受托人应当将个人信息返还个人信息处理者或者予以删除，不得保留。

未经个人信息处理者同意，受托人不得转委托他人处理个人信息。

第二十二条　个人信息处理者因合并、分立、解散、被宣告破产等原因需要转移个人信息的，应当向个人告知接收方的名称或者姓名和联系方式。接收方应当继续履行个人信息处理者的义务。接收方变更原先的处理目的、处理方式的，应当依照本法规定重新取得个人同意。

第二十三条　个人信息处理者向其他个人信息处理者提供其处理的个人信息的，应当向个人告知接收方的名称或者姓名、联系方式、处理目的、处理方式和个人信息的种类，并取得个人的单独同意。接收方应当在上述处理目的、处理方式和个人信息的种类等范围内处理个人信息。接收方变更原先的处理目的、处理方式的，应当依照本法规定重新取得个人同意。

第二十四条　个人信息处理者利用个人信息进行自动化决策，应当保证决策的透明度和结果公平、公正，不得对个人在交易价格等交易条件上实行不合理的差别待遇。

通过自动化决策方式向个人进行信息推送、商业营销，应当同时提供不针对其个人特征的选项，或者向个人提供便捷的拒绝方式。

通过自动化决策方式作出对个人权益有重大影响的决定，个人有权要求个人信息处理者予以说明，并有权拒绝个人信息处理者仅通过自动化决策的方式作出决定。

第二十五条　个人信息处理者不得公开其处理的个人信息，取得个人单独同意的除外。

第二十六条　在公共场所安装图像采集、个人身份识别设备，应当为维护公共安全所必需，遵守国家有关规定，并设置显著的提示标识。所收集的个人图像、身份识别信息只能用于维护公共安全的目的，不得用于其他目的；取得个人单独同意的除外。

第二十七条　个人信息处理者可以在合理的范围内处理个人自行公开或者其他已经合法公开的个人信息；个人明确拒绝的除外。个人信息处理者处理已公开的个人信息，对个人权益有重大影响的，应当依照本法规定取得个人同意。

第二节　敏感个人信息的处理规则

第二十八条　敏感个人信息是一旦泄露或者非法使用，容易导致自然人的人格尊严受到侵害或者人身、财产安全受到危害的个人信息，包括生物识别、宗教信仰、特定身份、医疗健康、金融账户、行踪轨迹等信息，以及不满十四周岁未成年人的个人信息。

只有在具有特定的目的和充分的必要性，并采取严格保护措施的情形下，个人信息处理者方可处理敏感个人信息。

第二十九条　处理敏感个人信息应当取得个人的单独同意；法律、行政法规规定处理敏感个人信息应当取得书面同意的，从其规定。

第三十条　个人信息处理者处理敏感个人信息的，除本法第十七条第一款规定的事项外，还应当向个人告知处理敏感个人信息的必要性以及对个人权益的影响；依照本法规定可以不向个人告知的除外。

第三十一条　个人信息处理者处理不满十四周岁未成年人个人信息的，应当取得未成年人的父母或者其他监护人的同意。

个人信息处理者处理不满十四周岁未成年人个人信息的，应当制定专门的个人信息处理规则。

第三十二条 法律、行政法规对处理敏感个人信息规定应当取得相关行政许可或者作出其他限制的，从其规定。

第三节 国家机关处理个人信息的特别规定

第三十三条 国家机关处理个人信息的活动，适用本法；本节有特别规定的，适用本节规定。

第三十四条 国家机关为履行法定职责处理个人信息，应当依照法律、行政法规规定的权限、程序进行，不得超出履行法定职责所必需的范围和限度。

第三十五条 国家机关为履行法定职责处理个人信息，应当依照本法规定履行告知义务；有本法第十八条第一款规定的情形，或者告知将妨碍国家机关履行法定职责的除外。

第三十六条 国家机关处理的个人信息应当在中华人民共和国境内存储；确需向境外提供的，应当进行安全评估。安全评估可以要求有关部门提供支持与协助。

第三十七条 法律、法规授权的具有管理公共事务职能的组织为履行法定职责处理个人信息，适用本法关于国家机关处理个人信息的规定。

第三章 个人信息跨境提供的规则

第三十八条 个人信息处理者因业务等需要，确需向中华人民共和国境外提供个人信息的，应当具备下列条件之一：

（一）依照本法第四十条的规定通过国家网信部门组织的安全评估；

（二）按照国家网信部门的规定经专业机构进行个人信息保护认证；

（三）按照国家网信部门制定的标准合同与境外接收方订立合同，约定双方的权利和义务；

（四）法律、行政法规或者国家网信部门规定的其他条件。

中华人民共和国缔结或者参加的国际条约、协定对向中华人民共和国境外提供个人信息的条件等有规定的，可以按照其规定执行。

个人信息处理者应当采取必要措施，保障境外接收方处理个人信息的活动达到本法规定的个人信息保护标准。

第三十九条 个人信息处理者向中华人民共和国境外提供个人信息的，应当向个人告知境外接收方的名称或者姓名、联系方式、处理目的、处理方式、个人信息的种类以及个人向境外接收方行使本法规定权利的方式和程序等事项，并取得个人的单独同意。

第四十条 关键信息基础设施运营者和处理个人信息达到国家网信部门规定数量的个人信息处理者，应当将在中华人民共和国境内收集和产生的个人信息存储在境内。

确需向境外提供的，应当通过国家网信部门组织的安全评估；法律、行政法规和国家网信部门规定可以不进行安全评估的，从其规定。

第四十一条　中华人民共和国主管机关根据有关法律和中华人民共和国缔结或者参加的国际条约、协定，或者按照平等互惠原则，处理外国司法或者执法机构关于提供存储于境内个人信息的请求。非经中华人民共和国主管机关批准，个人信息处理者不得向外国司法或者执法机构提供存储于中华人民共和国境内的个人信息。

第四十二条　境外的组织、个人从事侵害中华人民共和国公民的个人信息权益，或者危害中华人民共和国国家安全、公共利益的个人信息处理活动的，国家网信部门可以将其列入限制或者禁止个人信息提供清单，予以公告，并采取限制或者禁止向其提供个人信息等措施。

第四十三条　任何国家或者地区在个人信息保护方面对中华人民共和国采取歧视性的禁止、限制或者其他类似措施的，中华人民共和国可以根据实际情况对该国家或者地区对等采取措施。

第四章　个人在个人信息处理活动中的权利

第四十四条　个人对其个人信息的处理享有知情权、决定权，有权限制或者拒绝他人对其个人信息进行处理；法律、行政法规另有规定的除外。

第四十五条　个人有权向个人信息处理者查阅、复制其个人信息；有本法第十八条第一款、第三十五条规定情形的除外。

个人请求查阅、复制其个人信息的，个人信息处理者应当及时提供。

个人请求将个人信息转移至其指定的个人信息处理者，符合国家网信部门规定条件的，个人信息处理者应当提供转移的途径。

第四十六条　个人发现其个人信息不准确或者不完整的，有权请求个人信息处理者更正、补充。

个人请求更正、补充其个人信息的，个人信息处理者应当对其个人信息予以核实，并及时更正、补充。

第四十七条　有下列情形之一的，个人信息处理者应当主动删除个人信息；个人信息处理者未删除的，个人有权请求删除：

（一）处理目的已实现、无法实现或者为实现处理目的不再必要；

（二）个人信息处理者停止提供产品或者服务，或者保存期限已届满；

（三）个人撤回同意；

（四）个人信息处理者违反法律、行政法规或者违反约定处理个人信息；

（五）法律、行政法规规定的其他情形。

法律、行政法规规定的保存期限未届满，或者删除个人信息从技术上难以实现的，个人信息处理者应当停止除存储和采取必要的安全保护措施之外的处理。

第四十八条　个人有权要求个人信息处理者对其个人信息处理规则进行解释说明。

第四十九条　自然人死亡的，其近亲属为了自身的合法、正当利益，可以对死者的相关个人信息行使本章规定的查阅、复制、更正、删除等权利；死者生前另有安排的除外。

第五十条　个人信息处理者应当建立便捷的个人行使权利的申请受理和处理机制。拒绝个人行使权利的请求的，应当说明理由。

个人信息处理者拒绝个人行使权利的请求的，个人可以依法向人民法院提起诉讼。

第五章　个人信息处理者的义务

第五十一条　个人信息处理者应当根据个人信息的处理目的、处理方式、个人信息的种类以及对个人权益的影响、可能存在的安全风险等，采取下列措施确保个人信息处理活动符合法律、行政法规的规定，并防止未经授权的访问以及个人信息泄露、篡改、丢失：

（一）制定内部管理制度和操作规程；

（二）对个人信息实行分类管理；

（三）采取相应的加密、去标识化等安全技术措施；

（四）合理确定个人信息处理的操作权限，并定期对从业人员进行安全教育和培训；

（五）制定并组织实施个人信息安全事件应急预案；

（六）法律、行政法规规定的其他措施。

第五十二条　处理个人信息达到国家网信部门规定数量的个人信息处理者应当指定个人信息保护负责人，负责对个人信息处理活动以及采取的保护措施等进行监督。

个人信息处理者应当公开个人信息保护负责人的联系方式，并将个人信息保护负责人的姓名、联系方式等报送履行个人信息保护职责的部门。

第五十三条　本法第三条第二款规定的中华人民共和国境外的个人信息处理者，应当在中华人民共和国境内设立专门机构或者指定代表，负责处理个人信息保护相关事务，并将有关机构的名称或者代表的姓名、联系方式等报送履行个人信息保护职责的部门。

第五十四条　个人信息处理者应当定期对其处理个人信息遵守法律、行政法规的情况进行合规审计。

第五十五条　有下列情形之一的，个人信息处理者应当事前进行个人信息保护影响评估，并对处理情况进行记录：

（一）处理敏感个人信息；

（二）利用个人信息进行自动化决策；

（三）委托处理个人信息、向其他个人信息处理者提供个人信息、公开个人信息；

（四）向境外提供个人信息；

（五）其他对个人权益有重大影响的个人信息处理活动。

第五十六条　个人信息保护影响评估应当包括下列内容：

（一）个人信息的处理目的、处理方式等是否合法、正当、必要；

（二）对个人权益的影响及安全风险；

（三）所采取的保护措施是否合法、有效并与风险程度相适应。

个人信息保护影响评估报告和处理情况记录应当至少保存三年。

第五十七条　发生或者可能发生个人信息泄露、篡改、丢失的，个人信息处理者应当立即采取补救措施，并通知履行个人信息保护职责的部门和个人。通知应当包括下列事项：

（一）发生或者可能发生个人信息泄露、篡改、丢失的信息种类、原因和可能造成的危害；

（二）个人信息处理者采取的补救措施和个人可以采取的减轻危害的措施；

（三）个人信息处理者的联系方式。

个人信息处理者采取措施能够有效避免信息泄露、篡改、丢失造成危害的，个人信息处理者可以不通知个人；履行个人信息保护职责的部门认为可能造成危害的，有权要求个人信息处理者通知个人。

第五十八条　提供重要互联网平台服务、用户数量巨大、业务类型复杂的个人信息处理者，应当履行下列义务：

（一）按照国家规定建立健全个人信息保护合规制度体系，成立主要由外部成员组成的独立机构对个人信息保护情况进行监督；

（二）遵循公开、公平、公正的原则，制定平台规则，明确平台内产品或者服务提供者处理个人信息的规范和保护个人信息的义务；

（三）对严重违反法律、行政法规处理个人信息的平台内的产品或者服务提供者，停止提供服务；

（四）定期发布个人信息保护社会责任报告，接受社会监督。

第五十九条　接受委托处理个人信息的受托人，应当依照本法和有关法律、行政法规的规定，采取必要措施保障所处理的个人信息的安全，并协助个人信息处理者履行本法规定的义务。

第六章　履行个人信息保护职责的部门

第六十条　国家网信部门负责统筹协调个人信息保护工作和相关监督管理工作。国务院有关部门依照本法和有关法律、行政法规的规定，在各自职责范围内负责个人信息保护和监督管理工作。

县级以上地方人民政府有关部门的个人信息保护和监督管理职责，按照国家有关规定确定。

前两款规定的部门统称为履行个人信息保护职责的部门。

第六十一条　履行个人信息保护职责的部门履行下列个人信息保护职责：

（一）开展个人信息保护宣传教育，指导、监督个人信息处理者开展个人信息保护工作；

（二）接受、处理与个人信息保护有关的投诉、举报；

（三）组织对应用程序等个人信息保护情况进行测评，并公布测评结果；

（四）调查、处理违法个人信息处理活动；

（五）法律、行政法规规定的其他职责。

第六十二条　国家网信部门统筹协调有关部门依据本法推进下列个人信息保护工作：

（一）制定个人信息保护具体规则、标准；

（二）针对小型个人信息处理者、处理敏感个人信息以及人脸识别、人工智能等新技术、新应用，制定专门的个人信息保护规则、标准；

（三）支持研究开发和推广应用安全、方便的电子身份认证技术，推进网络身份认证公共服务建设；

（四）推进个人信息保护社会化服务体系建设，支持有关机构开展个人信息保护评估、认证服务；

（五）完善个人信息保护投诉、举报工作机制。

第六十三条　履行个人信息保护职责的部门履行个人信息保护职责，可以采取下列措施：

（一）询问有关当事人，调查与个人信息处理活动有关的情况；

（二）查阅、复制当事人与个人信息处理活动有关的合同、记录、账簿以及其他有关资料；

（三）实施现场检查，对涉嫌违法的个人信息处理活动进行调查；

（四）检查与个人信息处理活动有关的设备、物品；对有证据证明是用于违法个人信息处理活动的设备、物品，向本部门主要负责人书面报告并经批准，可以查封或者扣押。

履行个人信息保护职责的部门依法履行职责，当事人应当予以协助、配合，不得拒绝、阻挠。

第六十四条　履行个人信息保护职责的部门在履行职责中，发现个人信息处理活动存在较大风险或者发生个人信息安全事件的，可以按照规定的权限和程序对该个人信息处理者的法定代表人或者主要负责人进行约谈，或者要求个人信息处理者委托专业机构对其个人信息处理活动进行合规审计。个人信息处理者应当按照要求采取措施，进行整改，消除隐患。

履行个人信息保护职责的部门在履行职责中，发现违法处理个人信息涉嫌犯罪的，应当及时移送公安机关依法处理。

第六十五条　任何组织、个人有权对违法个人信息处理活动向履行个人信息保护职责的部门进行投诉、举报。收到投诉、举报的部门应当依法及时处理，并将处理结果告知投诉、举报人。

履行个人信息保护职责的部门应当公布接受投诉、举报的联系方式。

第七章　法律责任

第六十六条　违反本法规定处理个人信息，或者处理个人信息未履行本法规定的个人信息保护义务的，由履行个人信息保护职责的部门责令改正，给予警告，没收违法所得，对违法处理个人信息的应用程序，责令暂停或者终止提供服务；拒不改正的，并处一百万元以下罚款；对直接负责的主管人员和其他直接责任人员处一万元以上十万元以下罚款。

有前款规定的违法行为，情节严重的，由省级以上履行个人信息保护职责的部门责令改正，没收违法所得，并处五千万元以下或者上一年度营业额百分之五以下罚款，并可以责令暂停相关业务或者停业整顿、通报有关主管部门吊销相关业务许可或者吊销营业执照；对直接负责的主管人员和其他直接责任人员处十万元以上一百万元以下罚款，并可以决定禁止其在一定期限内担任相关企业的董事、监事、高级管理人员和个人信息保护负责人。

第六十七条　有本法规定的违法行为的，依照有关法律、行政法规的规定记入信用档案，并予以公示。

第六十八条　国家机关不履行本法规定的个人信息保护义务的，由其上级机关或者履行个人信息保护职责的部门责令改正；对直接负责的主管人员和其他直接责任人员依法给予处分。

履行个人信息保护职责的部门的工作人员玩忽职守、滥用职权、徇私舞弊，尚不构成犯罪的，依法给予处分。

第六十九条　处理个人信息侵害个人信息权益造成损害，个人信息处理者不能证明自己没有过错的，应当承担损害赔偿等侵权责任。

前款规定的损害赔偿责任按照个人因此受到的损失或者个人信息处理者因此获得的利益确定；个人因此受到的损失和个人信息处理者因此获得的利益难以确定的，根据实际情况确定赔偿数额。

第七十条　个人信息处理者违反本法规定处理个人信息，侵害众多个人的权益的，人民检察院、法律规定的消费者组织和由国家网信部门确定的组织可以依法向人民法院提起诉讼。

第七十一条　违反本法规定，构成违反治安管理行为的，依法给予治安管理处罚；构成犯罪的，依法追究刑事责任。

第八章　附　则

第七十二条　自然人因个人或者家庭事务处理个人信息的，不适用本法。

法律对各级人民政府及其有关部门组织实施的统计、档案管理活动中的个人信息处理有规定的，适用其规定。

第七十三条　本法下列用语的含义：

（一）个人信息处理者，是指在个人信息处理活动中自主决定处理目的、处理方式的组织、个人。

（二）自动化决策，是指通过计算机程序自动分析、评估个人的行为习惯、兴趣爱好或者经济、健康、信用状况等，并进行决策的活动。

（三）去标识化，是指个人信息经过处理，使其在不借助额外信息的情况下无法识别特定自然人的过程。

（四）匿名化，是指个人信息经过处理无法识别特定自然人且不能复原的过程。

第七十四条　本法自 2021 年 11 月 1 日起施行。

中华人民共和国电子签名法

（2004 年 8 月 28 日第十届全国人民代表大会常务委员会第十一次会议通过

根据 2015 年 4 月 24 日第十二届全国人民代表大会常务委员会

第十四次会议《关于修改〈中华人民共和国电力法〉等六部法律的决定》第一次修正

根据 2019 年 4 月 23 日第十三届全国人民代表大会常务委员会

第十次会议《关于修改〈中华人民共和国建筑法〉等

八部法律的决定》第二次修正）

目　录

第一章　总　则

第一条　为了规范电子签名行为，确立电子签名的法律效力，维护有关各方的合法权益，制定本法。

第二条　本法所称电子签名，是指数据电文中以电子形式所含、所附用于识别签名人身份并表明签名人认可其中内容的数据。

本法所称数据电文，是指以电子、光学、磁或者类似手段生成、发送、接收或者储存的信息。

第三条　民事活动中的合同或者其他文件、单证等文书，当事人可以约定使用或者不使用电子签名、数据电文。

当事人约定使用电子签名、数据电文的文书，不得仅因为其采用电子签名、数据电文的形式而否定其法律效力。

前款规定不适用下列文书：

（一）涉及婚姻、收养、继承等人身关系的；

（二）涉及停止供水、供热、供气等公用事业服务的；

（三）法律、行政法规规定的不适用电子文书的其他情形。

第二章　数据电文

第四条　能够有形地表现所载内容，并可以随时调取查用的数据电文，视为符合法律、法规要求的书面形式。

第五条 符合下列条件的数据电文，视为满足法律、法规规定的原件形式要求：

（一）能够有效地表现所载内容并可供随时调取查用；

（二）能够可靠地保证自最终形成时起，内容保持完整、未被更改。但是，在数据电文上增加背书以及数据交换、储存和显示过程中发生的形式变化不影响数据电文的完整性。

第六条 符合下列条件的数据电文，视为满足法律、法规规定的文件保存要求：

（一）能够有效地表现所载内容并可供随时调取查用；

（二）数据电文的格式与其生成、发送或者接收时的格式相同，或者格式不相同但是能够准确表现原来生成、发送或者接收的内容；

（三）能够识别数据电文的发件人、收件人以及发送、接收的时间。

第七条 数据电文不得仅因为其是以电子、光学、磁或者类似手段生成、发送、接收或者储存的而被拒绝作为证据使用。

第八条 审查数据电文作为证据的真实性，应当考虑以下因素：

（一）生成、储存或者传递数据电文方法的可靠性；

（二）保持内容完整性方法的可靠性；

（三）用以鉴别发件人方法的可靠性；

（四）其他相关因素。

第九条 数据电文有下列情形之一的，视为发件人发送：

（一）经发件人授权发送的；

（二）发件人的信息系统自动发送的；

（三）收件人按照发件人认可的方法对数据电文进行验证后结果相符的。

当事人对前款规定的事项另有约定的，从其约定。

第十条 法律、行政法规规定或者当事人约定数据电文需要确认收讫的，应当确认收讫。发件人收到收件人的收讫确认时，数据电文视为已经收到。

第十一条 数据电文进入发件人控制之外的某个信息系统的时间，视为该数据电文的发送时间。

收件人指定特定系统接收数据电文的，数据电文进入该特定系统的时间，视为该数据电文的接收时间；未指定特定系统的，数据电文进入收件人的任何系统的首次时间，视为该数据电文的接收时间。

当事人对数据电文的发送时间、接收时间另有约定的，从其约定。

第十二条 发件人的主营业地为数据电文的发送地点，收件人的主营业地为数据电文的接收地点。没有主营业地的，其经常居住地为发送或者接收地点。

当事人对数据电文的发送地点、接收地点另有约定的，从其约定。

第三章 电子签名与认证

第十三条 电子签名同时符合下列条件的，视为可靠的电子签名：

（一）电子签名制作数据用于电子签名时，属于电子签名人专有；

（二）签署时电子签名制作数据仅由电子签名人控制；

（三）签署后对电子签名的任何改动能够被发现；

（四）签署后对数据电文内容和形式的任何改动能够被发现。

当事人也可以选择使用符合其约定的可靠条件的电子签名。

第十四条　可靠的电子签名与手写签名或者盖章具有同等的法律效力。

第十五条　电子签名人应当妥善保管电子签名制作数据。电子签名人知悉电子签名制作数据已经失密或者可能已经失密时，应当及时告知有关各方，并终止使用该电子签名制作数据。

第十六条　电子签名需要第三方认证的，由依法设立的电子认证服务提供者提供认证服务。

第十七条　提供电子认证服务，应当具备下列条件：

（一）取得企业法人资格；

（二）具有与提供电子认证服务相适应的专业技术人员和管理人员；

（三）具有与提供电子认证服务相适应的资金和经营场所；

（四）具有符合国家安全标准的技术和设备；

（五）具有国家密码管理机构同意使用密码的证明文件；

（六）法律、行政法规规定的其他条件。

第十八条　从事电子认证服务，应当向国务院信息产业主管部门提出申请，并提交符合本法第十七条规定条件的相关材料。国务院信息产业主管部门接到申请后经依法审查，征求国务院商务主管部门等有关部门的意见后，自接到申请之日起四十五日内作出许可或者不予许可的决定。予以许可的，颁发电子认证许可证书；不予许可的，应当书面通知申请人并告知理由。

取得认证资格的电子认证服务提供者，应当按照国务院信息产业主管部门的规定在互联网上公布其名称、许可证号等信息。

第十九条　电子认证服务提供者应当制定、公布符合国家有关规定的电子认证业务规则，并向国务院信息产业主管部门备案。

电子认证业务规则应当包括责任范围、作业操作规范、信息安全保障措施等事项。

第二十条　电子签名人向电子认证服务提供者申请电子签名认证证书，应当提供真实、完整和准确的信息。

电子认证服务提供者收到电子签名认证证书申请后，应当对申请人的身份进行查验，并对有关材料进行审查。

第二十一条　电子认证服务提供者签发的电子签名认证证书应当准确无误，并应当载明下列内容：

（一）电子认证服务提供者名称；

（二）证书持有人名称；

（三）证书序列号；

（四）证书有效期；

（五）证书持有人的电子签名验证数据；

（六）电子认证服务提供者的电子签名；

（七）国务院信息产业主管部门规定的其他内容。

第二十二条　电子认证服务提供者应当保证电子签名认证证书内容在有效期内完整、准确，并保证电子签名依赖方能够证实或者了解电子签名认证证书所载内容及其他有关事项。

第二十三条　电子认证服务提供者拟暂停或者终止电子认证服务的，应当在暂停或者终止服务九十日前，就业务承接及其他有关事项通知有关各方。

电子认证服务提供者拟暂停或者终止电子认证服务的，应当在暂停或者终止服务六十日前向国务院信息产业主管部门报告，并与其他电子认证服务提供者就业务承接进行协商，作出妥善安排。

电子认证服务提供者未能就业务承接事项与其他电子认证服务提供者达成协议的，应当申请国务院信息产业主管部门安排其他电子认证服务提供者承接其业务。

电子认证服务提供者被依法吊销电子认证许可证书的，其业务承接事项的处理按照国务院信息产业主管部门的规定执行。

第二十四条　电子认证服务提供者应当妥善保存与认证相关的信息，信息保存期限至少为电子签名认证证书失效后五年。

第二十五条　国务院信息产业主管部门依照本法制定电子认证服务业的具体管理办法，对电子认证服务提供者依法实施监督管理。

第二十六条　经国务院信息产业主管部门根据有关协议或者对等原则核准后，中华人民共和国境外的电子认证服务提供者在境外签发的电子签名认证证书与依照本法设立的电子认证服务提供者签发的电子签名认证证书具有同等的法律效力。

第四章　法律责任

第二十七条　电子签名人知悉电子签名制作数据已经失密或者可能已经失密未及时告知有关各方、并终止使用电子签名制作数据，未向电子认证服务提供者提供真实、完整和准确的信息，或者有其他过错，给电子签名依赖方、电子认证服务提供者造成损失的，承担赔偿责任。

第二十八条　电子签名人或者电子签名依赖方因依据电子认证服务提供者提供的电子签名认证服务从事民事活动遭受损失，电子认证服务提供者不能证明自己无过错的，承担赔偿责任。

第二十九条　未经许可提供电子认证服务的，由国务院信息产业主管部门责令停止违法行为；有违法所得的，没收违法所得；违法所得三十万元以上的，处违法所得一倍以上三倍以下的罚款；没有违法所得或者违法所得不足三十万元的，处十万元以上三十万元以下的罚款。

第三十条 电子认证服务提供者暂停或者终止电子认证服务，未在暂停或者终止服务六十日前向国务院信息产业主管部门报告的，由国务院信息产业主管部门对其直接负责的主管人员处一万元以上五万元以下的罚款。

第三十一条 电子认证服务提供者不遵守认证业务规则、未妥善保存与认证相关的信息，或者有其他违法行为的，由国务院信息产业主管部门责令限期改正；逾期未改正的，吊销电子认证许可证书，其直接负责的主管人员和其他直接责任人员十年内不得从事电子认证服务。吊销电子认证许可证书的，应当予以公告并通知工商行政管理部门。

第三十二条 伪造、冒用、盗用他人的电子签名，构成犯罪的，依法追究刑事责任；给他人造成损失的，依法承担民事责任。

第三十三条 依照本法负责电子认证服务业监督管理工作的部门的工作人员，不依法履行行政许可、监督管理职责的，依法给予行政处分；构成犯罪的，依法追究刑事责任。

第五章 附 则

第三十四条 本法中下列用语的含义：

（一）电子签名人，是指持有电子签名制作数据并以本人身份或者以其所代表的人的名义实施电子签名的人；

（二）电子签名依赖方，是指基于对电子签名认证证书或者电子签名的信赖从事有关活动的人；

（三）电子签名认证证书，是指可证实电子签名人与电子签名制作数据有联系的数据电文或者其他电子记录；

（四）电子签名制作数据，是指在电子签名过程中使用的，将电子签名与电子签名人可靠地联系起来的字符、编码等数据；

（五）电子签名验证数据，是指用于验证电子签名的数据，包括代码、口令、算法或者公钥等。

第三十五条 国务院或者国务院规定的部门可以依据本法制定政务活动和其他社会活动中使用电子签名、数据电文的具体办法。

第三十六条 本法自 2005 年 4 月 1 日起施行。

中华人民共和国计算机信息系统安全保护条例

(1994 年 2 月 18 日中华人民共和国国务院令第 147 号发布

根据 2011 年 1 月 8 日《国务院关于废止和修改部分行政法规的决定》修订)

第一章 总则

第一条 为了保护计算机信息系统的安全，促进计算机的应用和发展，保障社会主义现代化建设的顺利进行，制定本条例。

第二条 本条例所称的计算机信息系统，是指由计算机及其相关的和配套的设备、设施（含网络）构成的，按照一定的应用目标和规则对信息进行采集、加工、存储、传输、检索等处理的人机系统。

第三条 计算机信息系统的安全保护，应当保障计算机及其相关的和配套的设备、设施（含网络）的安全，运行环境的安全，保障信息的安全，保障计算机功能的正常发挥，以维护计算机信息系统的安全运行。

第四条 计算机信息系统的安全保护工作，重点维护国家事务、经济建设、国防建设、尖端科学技术等重要领域的计算机信息系统的安全。

第五条 中华人民共和国境内的计算机信息系统的安全保护，适用本条例。

未联网的微型计算机的安全保护办法，另行制定。

第六条 公安部主管全国计算机信息系统安全保护工作。

国家安全部、国家保密局和国务院其他有关部门，在国务院规定的职责范围内做好计算机信息系统安全保护的有关工作。

第七条 任何组织或者个人，不得利用计算机信息系统从事危害国家利益、集体利益和公民合法利益的活动，不得危害计算机信息系统的安全。

第二章 安全保护制度

第八条 计算机信息系统的建设和应用，应当遵守法律、行政法规和国家其他有关规定。

第九条 计算机信息系统实行安全等级保护。安全等级的划分标准和安全等级保护的具体办法，由公安部会同有关部门制定。

第十条 计算机机房应当符合国家标准和国家有关规定。

在计算机机房附近施工，不得危害计算机信息系统的安全。

第十一条 进行国际联网的计算机信息系统，由计算机信息系统的使用单位报省级以上人民政府公安机关备案。

第十二条 运输、携带、邮寄计算机信息媒体进出境的，应当如实向海关申报。

第十三条　计算机信息系统的使用单位应当建立健全安全管理制度，负责本单位计算机信息系统的安全保护工作。

第十四条　对计算机信息系统中发生的案件，有关使用单位应当在 24 小时内向当地县级以上人民政府公安机关报告。

第十五条　对计算机病毒和危害社会公共安全的其他有害数据的防治研究工作，由公安部归口管理。

第十六条　国家对计算机信息系统安全专用产品的销售实行许可证制度。具体办法由公安部会同有关部门制定。

第三章　安全监督

第十七条　公安机关对计算机信息系统安全保护工作行使下列监督职权：

（一）监督、检查、指导计算机信息系统安全保护工作；

（二）查处危害计算机信息系统安全的违法犯罪案件；

（三）履行计算机信息系统安全保护工作的其他监督职责。

第十八条　公安机关发现影响计算机信息系统安全的隐患时，应当及时通知使用单位采取安全保护措施。

第十九条　公安部在紧急情况下，可以就涉及计算机信息系统安全的特定事项发布专项通令。

第四章　法律责任

第二十条　违反本条例的规定，有下列行为之一的，由公安机关处以警告或者停机整顿：

（一）违反计算机信息系统安全等级保护制度，危害计算机信息系统安全的；

（二）违反计算机信息系统国际联网备案制度的；

（三）不按照规定时间报告计算机信息系统中发生的案件的；

（四）接到公安机关要求改进安全状况的通知后，在限期内拒不改进的；

（五）有危害计算机信息系统安全的其他行为的。

第二十一条　计算机机房不符合国家标准和国家其他有关规定的，或者在计算机机房附近施工危害计算机信息系统安全的，由公安机关会同有关单位进行处理。

第二十二条　运输、携带、邮寄计算机信息媒体进出境，不如实向海关申报的，由海关依照《中华人民共和国海关法》和本条例以及其他有关法律、法规的规定处理。

第二十三条　故意输入计算机病毒以及其他有害数据危害计算机信息系统安全的，或者未经许可出售计算机信息系统安全专用产品的，由公安机关处以警告或者对个人处以 5000 元以下的罚款、对单位处以 1.5 万元以下的罚款；有违法所得的，除予以没收外，可以处以违法所得 1 至 3 倍的罚款。

第二十四条　违反本条例的规定，构成违反治安管理行为的，依照《中华人民共和国治安管理处罚法》的有关规定处罚；构成犯罪的，依法追究刑事责任。

第二十五条 任何组织或者个人违反本条例的规定，给国家、集体或者他人财产造成损失的，应当依法承担民事责任。

第二十六条 当事人对公安机关依照本条例所作出的具体行政行为不服的，可以依法申请行政复议或者提起行政诉讼。

第二十七条 执行本条例的国家公务员利用职权，索取、收受贿赂或者有其他违法、失职行为，构成犯罪的，依法追究刑事责任；尚不构成犯罪的，给予行政处分。

第五章 附则

第二十八条 本条例下列用语的含义：

计算机病毒，是指编制或者在计算机程序中插入的破坏计算机功能或者毁坏数据，影响计算机使用，并能自我复制的一组计算机指令或者程序代码。

计算机信息系统安全专用产品，是指用于保护计算机信息系统安全的专用硬件和软件产品。

第二十九条 军队的计算机信息系统安全保护工作，按照军队的有关法规执行。

第三十条 公安部可以根据本条例制定实施办法。

第三十一条 本条例自发布之日起施行。

全国人民代表大会常务委员会关于加强
网络信息保护的决定

（2012 年 12 月 28 日第十一届全国人民代表大会常务委员会第三十次会议通过）

为了保护网络信息安全，保障公民、法人和其他组织的合法权益，维护国家安全和社会公共利益，特作如下决定：

一、国家保护能够识别公民个人身份和涉及公民个人隐私的电子信息。

任何组织和个人不得窃取或者以其他非法方式获取公民个人电子信息，不得出售或者非法向他人提供公民个人电子信息。

二、网络服务提供者和其他企业事业单位在业务活动中收集、使用公民个人电子信息，应当遵循合法、正当、必要的原则，明示收集、使用信息的目的、方式和范围，并经被收集者同意，不得违反法律、法规的规定和双方的约定收集、使用信息。

网络服务提供者和其他企业事业单位收集、使用公民个人电子信息，应当公开其收集、使用规则。

三、网络服务提供者和其他企业事业单位及其工作人员对在业务活动中收集的公民个人电子信息必须严格保密，不得泄露、篡改、毁损，不得出售或者非法向他人提供。

四、网络服务提供者和其他企业事业单位应当采取技术措施和其他必要措施，确保信息安全，防止在业务活动中收集的公民个人电子信息泄露、毁损、丢失。在发生或者可能发生信息泄露、毁损、丢失的情况时，应当立即采取补救措施。

五、网络服务提供者应当加强对其用户发布的信息的管理，发现法律、法规禁止发布或者传输的信息的，应当立即停止传输该信息，采取消除等处置措施，保存有关记录，并向有关主管部门报告。

六、网络服务提供者为用户办理网站接入服务，办理固定电话、移动电话等入网手续，或者为用户提供信息发布服务，应当在与用户签订协议或者确认提供服务时，要求用户提供真实身份信息。

七、任何组织和个人未经电子信息接收者同意或者请求，或者电子信息接收者明确表示拒绝的，不得向其固定电话、移动电话或者个人电子邮箱发送商业性电子信息。

八、公民发现泄露个人身份、散布个人隐私等侵害其合法权益的网络信息，或者受到商业性电子信息侵扰的，有权要求网络服务提供者删除有关信息或者采取其他必要措施予以制止。

九、任何组织和个人对窃取或者以其他非法方式获取、出售或者非法向他人提供公民个人电子信息的违法犯罪行为以及其他网络信息违法犯罪行为，有权向有关主管部门举报、控告；接到举报、控告的部门应当依法及时处理。被侵权人可以依法提起诉讼。

十、有关主管部门应当在各自职权范围内依法履行职责，采取技术措施和其他必要措施，防范、制止和查处窃取或者以其他非法方式获取、出售或者非法向他人提供公民个人电子信息的违法犯罪行为以及其他网络信息违法犯罪行为。有关主管部门依法履行职责时，网络服务提供者应当予以配合，提供技术支持。

国家机关及其工作人员对在履行职责中知悉的公民个人电子信息应当予以保密，不得泄露、篡改、毁损，不得出售或者非法向他人提供。

十一、对有违反本决定行为的，依法给予警告、罚款、没收违法所得、吊销许可证或者取消备案、关闭网站、禁止有关责任人员从事网络服务业务等处罚，记入社会信用档案并予以公布；构成违反治安管理行为的，依法给予治安管理处罚。构成犯罪的，依法追究刑事责任。侵害他人民事权益的，依法承担民事责任。

十二、本决定自公布之日起施行。